普通高等教育"十二五"计算机类规划教材

C# 程序设计基础

伍 星 熊 壮 编著

机械工业出版社

本书针对初次学习程序设计语言的读者，以 C# 语言为载体，以微软 Visual Studio 2010 为开发环境，通过讨论 C# 程序设计的一般过程和方法，重点介绍程序设计的基本思想和实现方法。本书通过数据组织、控制结构、文件处理等程序设计基础知识的讨论，向读者介绍使用 C# 语言进行程序设计的基本方法，通过类的设计、对象定义、重载、派生等知识的讨论向读者介绍面向对象程序设计的基本思想，通过对 GUI 程序设计、图形和图像处理、数据库访问及 Web 程序开发等知识的讨论，使读者能够循序渐进地掌握使用 C# 语言开发各类常见应用程序的基本技能。

　　本书覆盖了 C# 语言的应用基础，内容深入浅出、语言流畅、例题丰富，可作为非计算机专业第一门程序设计语言课程的教材，也可作为计算机类专业程序设计基础课程的教材，对于程序设计爱好者也是极佳的入门教材或参考书。

　　为方便教师教学，本书配有免费教学课件，欢迎选用本书作为教材的教师登录 www.cmpedu.com 注册下载或发邮件到 llm7785@sina.com 索取。

图书在版编目（CIP）数据

C# 程序设计基础/伍星，熊壮编著. —北京：机械工业出版社，2012.7（2020.1 重印）
普通高等教育"十二五"计算机类规划教材
ISBN 978-7-111-39125-8

Ⅰ.①C… Ⅱ.①伍… ②熊… Ⅲ.①C 语言—程序设计—高等学校—教材 Ⅳ.①TP312

中国版本图书馆 CIP 数据核字（2012）第 152709 号

机械工业出版社（北京市百万庄大街 22 号　邮政编码 100037）
策划编辑：刘丽敏　责任编辑：刘丽敏　马　超
版式设计：霍永明　责任校对：于新华
封面设计：张　静　责任印制：常天培
北京虎彩文化传播有限公司印刷
2020 年 1 月第 1 版第 4 次印刷
184mm×260mm·16.25 印张·401 千字
标准书号：ISBN 978-7-111-39125-8
定价：32.00 元

电话服务　　　　　　　　　　网络服务
客服电话：010-88361066　　机　工　官　网：www.cmpbook.com
　　　　　010-88379833　　机　工　官　博：weibo.com/cmp1952
　　　　　010-68326294　　金　书　网：www.golden-book.com
封底无防伪标均为盗版　　机工教育服务网：www.cmpedu.com

前　　言

本书编写的主要目的有两个：一是引导没有任何程序设计经历、初学程序设计语言的人进入到程序设计的"广阔天地"；二是从实用的角度出发，通过 C# 语言中关键基础知识的学习和讨论，使读者掌握使用 C# 语言开发实际应用程序的基本技能。

C# 是微软 . NET 平台下的主要程序语言，内容丰富。为了使读者通过本书的学习掌握 C# 语言的关键基础知识，本书将 C# 程序设计基础的内容分为两个相辅相成的阶段。第一阶段主要介绍 C# 应用中最基础的知识，包含的主要内容：控制台应用程序、Windows 窗体程序以及 Web 程序开发的基本步骤和过程，C# 程序中的数据描述和组织、表达式运算和程序中最常使用的数据输入/输出方法，使用分支、循环等流程控制语句描述复杂问题处理过程的方法，使用数组组织相关数据及数组常见的应用，面向对象的基本思想、面向对象方法的定义和调用、数据的作用域规则、类的派生及常用系统定义类的使用方法，Windows 程序设计的基本方法，以及常用控件和组件的使用方法，文件处理的基本步骤和文件中数据的读/写方法。通过第一阶段的学习，读者可以掌握使用 C# 语言开发应用程序最基本的知识和技能。第二阶段讨论最常见的 C# 语言应用问题，包含的主要内容：Graphics 对象概念和绘图基础知识，以及图形、图像的处理基础，关系数据库基本概念、SQL 语句的基本使用规则、数据库数据访问，Web 程序设计的步骤、常用 Web 控件的使用方法及网页之间数据的传递方法。通过第二阶段的学习，读者可以掌握 C# 语言在数据库访问、图形/图像处理以及 Web 应用开发等方面的基本技能，结合相关资料即可以开发相关方面的应用软件。

本书选用 Microsoft Visual Studio 2010 作为教学环境，书中的所有教学示例都在 Visual Studio 2010 集成开发环境中调试通过。基于本书的教学课件、教学示例及习题的参考答案均可以在机械工业出版社网站上下载，也可通过电子邮件向编著者直接索取。

本书由伍星和熊壮共同编著，各章节编写分工如下：伍星编写第 1 章、第 7 ~ 10 章，熊壮编写第 2 ~ 6 章。全书由两位作者共同协商，进行内容调整、修改，统一定稿。

限于编著者水平，书中错误和不妥之处在所难免，恳请读者不吝指教。

联系地址：重庆大学计算机学院

E-Mail：wuxing@ cqu. edu. cn，xiongz@ cqu. edu. cn

编　者

目　　录

第1章 C# 及 Visual Studio 2010 开发环境简介

本章首先介绍 . NET 平台和 Visual Studio 2010 的相关知识，然后通过 3 个简单的实例，介绍运用 C# 语言编写控制台应用程序、Windows 窗体应用程序及 Web 程序的整个过程，初步了解使用微软公司的快速应用开发工具（Rapid Application Development，RAD）——Visual Studio 2010 的基本方法。

1.1 . NET 平台简介

. NET 平台是微软公司的最新技术，其设计目标是帮助软件开发人员轻松并高效地开发各种类型应用程序。本质上，. NET 平台包括一些革命性的新技术和一些对现有技术进行改进的技术，具体包含如下内容：

1）. NET 支持的程序设计语言：. NET 中支持多种语言进行软件开发，包括 C# 、Visual Basic、C ++ 等。

2）通用语言运行时（Common Language Runtime，CLR）：通用语言运行时是所有 . NET 语言的执行引擎，它为各种应用提供了自动化的服务。

3）. NET Framework 类库：该类库包含了数千个预置功能的类，这些类可以作为构建各类应用的基石，在编写程序时可以直接引用这些已经设计好的类。

4）ASP . NET：所有在 . NET 中创建的 Web 应用程序，都以 ASP . NET 作为引擎或运行平台。ASP . NET 还支持绝大多数 . NET 类库所支持的特性。

5）Visual Studio：Visual Studio 是一种可选的软件开发集成工具，包含了大量工具和特性以提高软件的开发效率和支持软件的调试。Visual Studio 安装光盘中包含了完整的 . NET Framework。

. NET 中语言使用的编译过程与 C、C ++ 等语言不同。C、C ++ 语言等高级语言基本上都是通过编译器编译成可以执行的机器代码，而 . NET 中编写好的程序首先编译成通用中间语言（Intermediate Language，IL）表示的中间代码，通用语言运行时中仅支持中间语言（IL）代码，然后进行第二次编译——将中间语言表示的代码转换为当前计算机平台的本地机器语言代码。

1.2 Visual Studio 2010 平台简介

1.2.1 Visual Studio 平台的发展过程

Visual Studio 是目前较流行的 Windows 平台应用程序开发环境，目前已经开发到 10.0 版本，也就是 Visual Studio 2010。正在开发的为 11.0 版本，也就是 Windows 8 的"搭档"（预览版本 Visual Studio 11）。

Visual Studio 97 是最早的 Visual Studio 版本，包含有面向 Windows 开发使用的 Visual Basic 5.0、Visual C++ 5.0，面向 Java 开发的 Visual J++ 和面向数据库开发的 Visual Fox-Pro，还包含有创建 DHTML（Dynamic HTML）所需要的 Visual InterDev。其中，Visual Basic 和 Visual FoxPro 使用单独的开发环境，其他的开发语言使用统一的开发环境。1998 年，微软公司发布了 Visual Studio 6.0。所有开发语言的开发环境均升至 6.0 版本。

2002 年，随着.NET 概念的提出与 Windows XP/Office XP 的发布，微软公司发布了 Visual Studio.NET。在该版本中，引入了建立在.NET 框架上的托管代码机制以及一门新的语言——C#（读作 C Sharp）。C# 是一门建立在 C++ 和 Java 基础上的现代语言，是编写.NET 框架的语言。Visual Basic、Visual C++ 都被扩展为支持托管代码机制的开发环境，且 Visual Basic.NET 更是从 Visual Basic "脱胎换骨"，彻底支持面向对象的编程机制。同时，Visual J++ 也变为 Visual J#。

2003 年，微软公司对 Visual Studio 2002 进行了部分修订，以 Visual Studio 2003 的名义发布，.NET 框架升级到 1.1 版。

2005 年，微软公司发布了 Visual Studio 2005。Visual Studio 2005 包含有众多版本，分别面向不同的开发角色。

2007 年 11 月，微软公司发布了 Visual Studio 2008 英文版。

2010 年 4 月，微软公司发布了 Visual Studio 2010 及.NET Framework 4.0，并于同年 5 月发布了它们的中文版。

1.2.2 Visual Studio 2010 中的组件

Visual Studio 2010 中包含如下的组件：

1）Visual Basic.NET 2010。

2）Visual C++.NET 2010。

3）Visual C#.NET 2010。

4）Visual F#.NET 2010。

1.2.3 Visual Studio 2010 版本特点

Visual Studio 2010 基于前面几个版本，在如下几个方面得到了增强：

1）支持 Windows Azure，微软云计算架构进入重要阶段。

2）助力移动与嵌入式装置开发。

3）实践当前热门的 Agile/Scrum 开发方法，强化团队竞争力。

4）升级的软件测试功能及工具，为软件质量严格把关。

5）搭配 Windows 7、Silverlight 4 与 Office，发挥多核并行运算能力，创建美感与效能并重的新一代软件。

6）支持最新 C++ 标准，增强 IDE，切实提高程序员开发效率。

1.3　C# 开发应用程序

1.3.1　Visual Studio 2010 环境介绍

Visual Studio 2010 安装后首次启动，显示如图 1-1 所示的界面，在该界面中选择所使用的默认程序设计语言，本书用于进行 C# 教学，因此选择"Visual C# 开发设置"，选择后单击"启动 Visual Studio"按钮，出现 Visual Studio 2010 正在加载用户设置的界面，如图 1-2 所示。

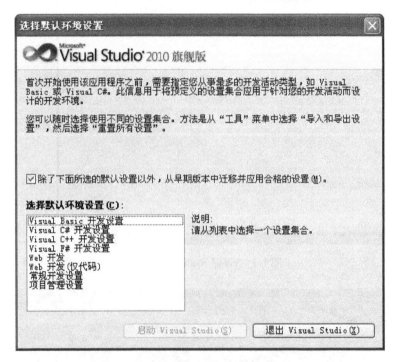

图 1-1　Visual Studio 2010 首次启动界面

图 1-2　Visual Studio 2010 加载用户设置

Visual Studio 2010 加载用户设置后显示如图 1-3 所示的主窗口，在该窗口的右部可以选择新建项目或打开已经存在的项目；该窗口的中部提供了访问学习资料的方法；窗口的右部是解决方案资源管理器，目前尚未打开和新建项目，因此该部分目前为空。

新建或打开项目后，Visual Studio 2010 会显示如图 1-4 所示的窗口。该窗口中除了包含菜单、图标工具外，还有如下几部分：

1）工具栏：隐藏在如图 1-4 所示的 Visual Studio 2010 窗口的最左边，其中"工具箱"

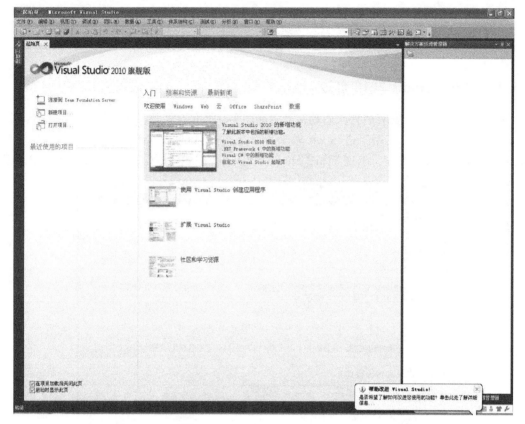

图 1-3　Visual Studio 2010 主窗口

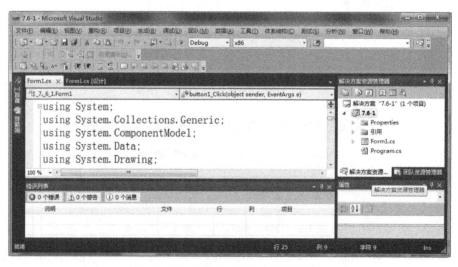

图 1-4　Visual Studio 2010 项目设计窗口

中提供了常用的控件。

2）工作区：位于如图 1-4 所示的窗口的中间，可以进行代码的编写和窗体的设计，当在该区域有多个源程序文件打开时，采用标签页的方式进行显示。选中上方的标签页即可显示相应的源程序文件或窗体，单击标签页上的"×"，即可在工作区中关闭相应的源程序文件或窗体。

3）错误列表：位于如图 1-4 所示的窗口的左下部，作用是在程序编写和调试期间提示程序存在的语法错误和警告信息。

4）解决方案资源管理器：用于管理当前项目所有的资源，如程序文件等。

5）属性：用于现实和设置可视化控件的属性，另外还可添加控件的事件响应方法。

1.3.2　控制台应用程序开发

控制台应用程序是 C# 语言开发的应用程序类型之一，不涉及 Windows 操作系统的组成元素。因此，程序结构简单，在 C# 语言的语法部分的学习过程中，有利于对所讨论的问题进行简单的描述。

1. C# 控制台应用程序的创建

使用 Visual Studio 2010 创建一个控制台应用程序的步骤如下：

1）启动 Visual Studio 2010，进入 Visual Studio 2010 的集成开发环境。

2）选择新建项目，在弹出的对话框中选择 C# 语言，然后在该对话框的右部，选择"控制台应用程序"模板。

3）在应用程序的编辑环境中输入程序代码。

4）依次调试运行程序。

【例 1-1】　创建控制台应用程序，程序运行时提示输入用户姓名，然后输出欢迎用户开始学习 C# 语言的语句。

创建控制台应用程序的具体步骤如下：

1）选择"文件"→"新建"→"项目"菜单项，出现如图 1-5 所示的对话框。

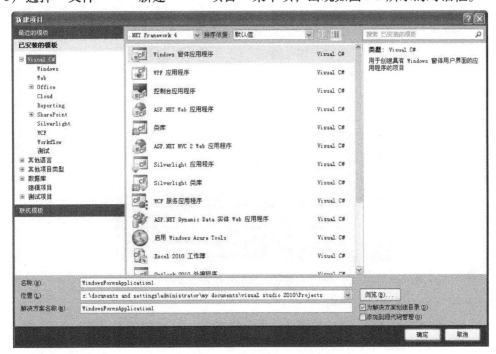

图 1-5　选择新建项目类型

2）在该对话框左部的"已安装的模板"中选择"Visual C#"，然后在对话框的中间选择"控制台应用程序"。

3）在该对话框下部的"名称"文本框中输入一个名称作为新建项目的名称，默认情况下 Visual Studio 2010 会提供一个默认名称（ConsoleApplication1）作为新建项目的名称。

4）在该对话框下部的"位置"文本框中指定新建项目的存储位置，也可通过后面的"浏览"按钮指定任意的磁盘位置作为项目的存储位置。

5）完成上述过程后，单击对话框右下部的"确定"按钮，出现如图 1-6 所示的窗口。

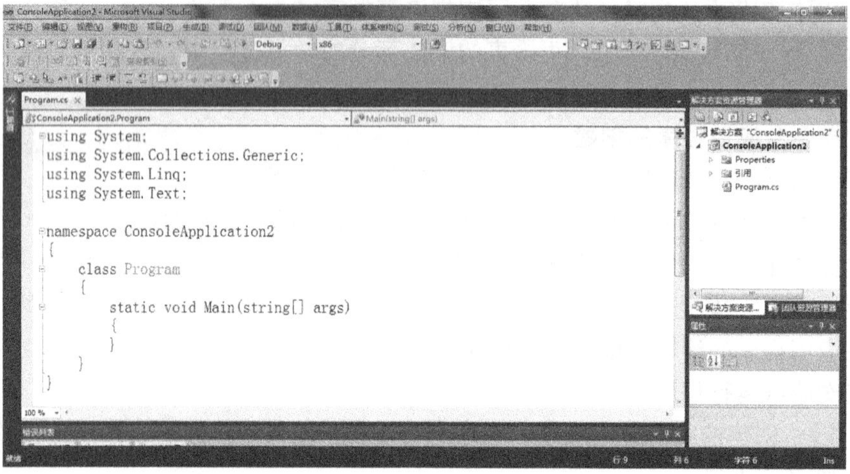

图 1-6　控制台应用程序开发窗口

6）Visual Studio 2010 已经创建了一个名为 Program. cs 的文件，里面已经包含了一些自动创建的代码。在"static void Main（string［］args）"下面的大括号中输入如下的代码：

```
Console. WriteLine("欢迎你开始学习 C# 程序设计");
Console. WriteLine("请输入你的姓名");
string Name = Console. ReadLine();
Console. WriteLine(Name + "C# 学习过程已经开始了");
Console. ReadLine();
```

7）按 <F5> 键或选择"调试"菜单中的"启动调试"命令，执行（调试）控制台应用程序。如果程序代码没有错误，运行结果如图 1-7 所示。

图 1-7　控制台应用程序运行窗口

2. C# 控制台应用程序的结构

一个 C# 控制台应用程序主要由以下几部分构成：

（1）导入系统预定义元素部分

高级程序设计语言总是依赖许多系统预定义元素，为了在 C# 程序中能够使用这些预定义元素，需要对这些元素进行导入。在上面创建的控制台应用程序中，使用下述代码段导入了对其他命名空间的引用：

```
using System;
using System. Collections. Generic;
using System. Linq;
using System. Text;
```

（2）命名空间

使用关键字 namespace 和命名空间标识符（命名空间名）构建用户命名空间，空间的范围用一对大括号限定，如下所示：

```
namespace Hello     //默认情况下命名空间名与解决方案名相同
{
}
```

（3）类

类必须包含在某个命名空间中（如 namespace Hello），使用关键字 class 和类标识符（类名，默认为 Program）构建类，类的范围使用一对大括号限定，如下所示：

```
class Program
{
}
```

（4）主方法

每个应用程序都有一个执行的入口用以指明程序执行的开始点。C# 应用程序中的入口点用主方法标识，主方法的名字为 Main()，后面的括号中即使没有参数也不能省略。一个 C# 应用程序必须有而且只能有一个 Main() 方法，如果一个应用程序仅由一个方法构成，这个方法的名字就只能为 Main()。主方法用一对大括号限定自己的区域，如下所示：

```
static void Main(string[ ]args)
{
}
```

（5）方法中的 C# 代码

可在方法体（方法的左右大括号之间）中输入实现方法逻辑功能的代码。例如，下面所示的 C# 控制台应用程序实现的功能是输出一条欢迎语句。具体过程：提示用户从控制台输入用户姓名，将用户输入的姓名字符串添加到欢迎语句中，然后输出组合后的欢迎语句。方法的完整形式示例如下：

```
static void Main(string[ ]args)
{
    Console. Write("请输入您的姓名:");
    string name = Console. ReadLine();        //输入姓名字符串赋值给 name 变量
    Console. WriteLine("欢迎" + name + "进入 C# 程序设计的广阔天地!");
    Console. ReadLine();                  /* 使得程序执行不会自动退出调试环境 */
}
```

1.3.3 Windows 窗体应用程序开发

Windows 窗体应用程序通过窗体上的各种 GUI（图形用户界面）元素形成与用户交流的界面。本节介绍 Windows 窗体应用程序的创建过程，以及 Windows 窗体应用程序中最常用控件（窗体、文本框、标签和按钮等）的基本使用方法。

1. Windows 窗体应用程序的创建

使用 Visual Studio 2010 创建一个 Windows 窗体应用程序通常有以下 4 个步骤：

1）设计用户界面。

2）设置对象属性。

3）编写对象事件过程代码。

4）保存并运行程序（生成可执行代码）。

【例 1-2】 创建如图 1-8 所示的 Windows 窗体应用程序。程序运行时可在前面的两个文本框中分别输入数据，单击"相加"按钮计算出两个数的和，并将结果显示到第 3 个文本框中。

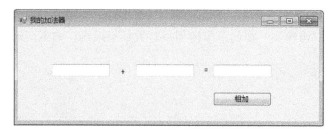

图 1-8　Windows 窗体应用程序示例

（1）用户界面设计

启动 Visual Studio 2010，新建项目时选择"Windows 窗体应用程序"作为项目类型，确定后出现如图 1-9 所示的界面。

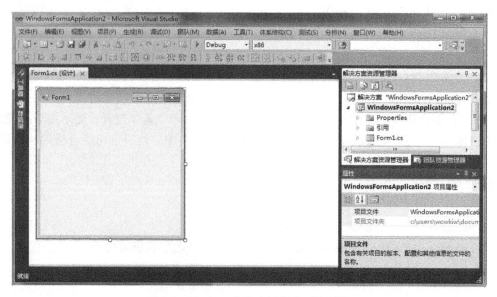

图 1-9　Windows 窗体应用程序开发环境

（2）添加控件

从工具箱中选择文本框和按钮控件添加到窗体上，具体步骤如下：

1）单击图1-9中的工具箱，将隐藏的工具箱显示出来，选择"公共控件"，展开显示相应的控件。

2）双击工具箱中的"文本框"（TextBox）控件图标，窗体上就会出现一个文本框，该文本框的默认名称为 textBox1，将该文本框拖放到窗体中适当的位置。继续添加两个文本框、两个标签和一个命令按钮到窗体上，添加后如图1-10所示。

图 1-10　窗体设计界面

3）完成上面两步操作后，然后按照表 1-1 修改相应控件的属性。修改属性的方法：首先选中需要修改属性的控件，然后在 Visual Studio 2010 开发环境的右下角属性界面（见图1-11）中选择相应的属性，在该属性后面的文本框中进行修改。

表 1-1　窗体中控件的属性设置

控　件	属　性	设　置　值
Form1	Text	我的加法器
label1	Text	+
label2	Text	=
button1	Text	相加

4）双击"相加"按钮，添加按钮响应鼠标单击事件的方法，并在方法中添加如下代码：

```csharp
private void button1_Click(object sender, EventArgs e)
{
    int num1 = int. Parse(textBox1. Text);
    int num2 = int. Parse(textBox2. Text);
    int result = num1 + num2;
    textBox3. Text = result. ToString();
}
```

5）按 < F5 > 键或选择"调试"菜单中的"启动调试"命令，执行（调试）Windows 应用窗体程序，在前两个文本框中分别输入整数，然后单击"相加"按钮，相加的结果显示在第 3 个文本框中。

2. Windows 窗体应用程序结构

Windows 窗体应用程序的总体结构与控制台应用程序的总体结构类似。Windows 窗体应用程序主要由下面几部分组成：

1）导入其他系统预定义元素部分。

2）命名空间。

3）类。

4）方法（主方法、事件响应处理过程）。

从解决方案资源管理器上看，本项目包含两个 cs 文件，如图 1-12 所示，一个是 Form1. cs，也就是前面的设计过程中主要编辑的对象，另一个是 Program. cs，其结构与控制台应用程序非常相似，但它的内容都是自动生成的，不需要程序员干预。其实，解决方案资源管理器中还包含一个隐藏的 cs 文件，单击"Form1. cs"前面的三角形图标，可见项目中还包含一个 Form1. Designer. cs 文件，该文件中包含了可视化程序过程中添加控件的代码。

图 1-11　属性界面

图 1-12　解决方案资源管理器

1.3.4　Web 程序开发

在早期的 Web 程序开发过程中，程序员使用记事本之类的简单文本编辑软件创建 Web 页面。由于每一种编辑软件有不同的优缺点，因此在功能上存在较大的局限性。Visual Studio 的出现，尤其是基于 . NET 平台的 Visual Studio 版本的出现，极大地改善了 Web 程序的开发过程。首先，Visual Studio 是可扩展的，可以联合其他的文本编辑器进行工作，其次 Visual Studio 提供了快速开发 Web 程序的功能，可以大大节约开发所需的时间。

Visual Studio 中开发 Web 页面的过程如下：

1）创建新的网站。

2）新建 Web 页面。

3）设计 Web 页面。

4）添加 C# 代码。

【例 1-3】　创建一个 Web 网站，并新建一个 Web 网页，在该网页上提供两个文本框分别用于输入用户名和密码，再添加一个按钮，当单击该按钮后，核对输入文本框中的用户名和密码是否正确并输出相应的提示信息。

（1）创建 Web 站点

启动 Visual Studio 2010 后选择"新建"，然后选择"网站"，在出现的界面中（见图 1-13）

左部选择语言为"Visual C#"，在界面中间选择"ASP . NET 网站"，在界面的下部选择"文件系统"，接着通过单击"浏览"按钮，在弹出的对话框中指定存储网站的目录。

图 1-13　新建网站

单击"确定"按钮，出现如图 1-14 所示的界面，在界面右上角的"解决方案资源管理器"中列出了当前网站中的所有文件。

图 1-14　网站结构

（2）新建 Web 页面

在"解决方案资源管理器"中，选中当前项目后单击鼠标右键，在弹出的快捷菜单中选择"添加新项"命令，然后在弹出的对话框中选择"Web 窗体"，接着在对话框的下部指定 Web 页面的名称。单击"确定"按钮，出现如图 1-15 所示的界面。下一步就可以开始 Web 页面的设计工作了。

图 1-15　新建 Web 页面

（3）设计 Web 页面

Visual Studio 为 .aspx 提供了 3 种视图进行 Web 页面的设计。

1）设计视图：该视图提供页面的可视化表示，此视图中可以直观地看到当前页面的外观。

2）源代码视图：该视图包含了 Web 页面的源代码。

3）拆分视图：该视图联合了设计视图和源代码视图这两个视图。

在 Visual Studio 窗口底部，选择"设计"、"拆分"或"源代码"就可以在这 3 个视图中进行随意切换。

选择"设计"视图，工作区显示为一片空白。从工具箱中将两个标签控件、两个文本框控件及一个按钮控件拖放到"设计"视图的页面中并放置于如图 1-16 所示的位置，然后按照表 1-2 进行相应的属性设置。属性的设置与 Windows 窗体中控件属性的设置相同。

图 1-16　Web 页面示例

表 1-2　Web 页面控件属性的设置

控　　件	属　　性	设　置　值
Label1	Text	用户名
Label2	Text	密码
Button1	Text	登录

（4）添加 C# 代码

双击"设计"视图中的"登录"按钮，则会在 Login. aspx "源代码"视图中添加响应按钮单击的方法。在该方法中添加如下代码：

```
protected void Button1_Click(object sender, EventArgs e)
{
    if (((TextBox1. Text. CompareTo("张飞") == 0) && (TextBox2. Text. CompareTo ("sanguogame") == 0))
        Response. Write("登录成功!");
    else
        Response. Write("错误的用户名或密码");
}
```

（5）调试 Web 页面

按 <F5> 键或选择"调试"菜单中的"启动调试"命令，执行（调试）页面后出现如图 1-17 所示的对话框，在该对话框中直接单击"确定"按钮，则会调用 Visual Studio 内嵌的 Web 服务器对当前页面进行调试。如果 Web 页面代码无错误，那么下一步运行该页面并在 IE 中进行显示，显示结果如图 1-18 所示。在"用户名"和"密码"后面的文本框中分别输入相应的信息（本例为"张飞"和"sanguogame"，然后单击"登录"按钮，出现如图 1-19 所示的页面。若在输入用户名或密码的过程中出错，则 IE 中显示如图 1-20 所示的页面。

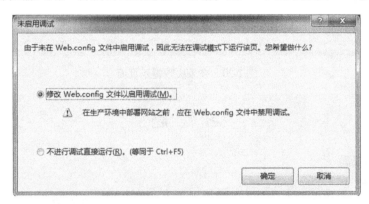

图 1-17　修改 Web. config 文件以启用调试

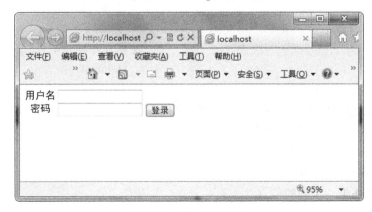

图 1-18　Web 页面运行

图 1-19   登录成功提示页面

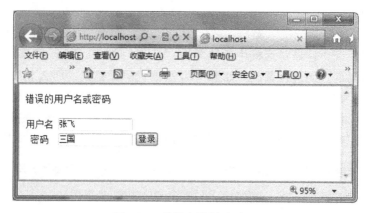

图 1-20   登录失败提示页面

习   题

一、单项选择题

1. C# 是一种（   ）语言。

    A. 面向过程   B. 面向对象

    C. 面向结构   D. 面向程序

2. C# 应用程序中，导入系统中已经定义元素的关键字是（   ）。

    A. using   B. namespace

    C. use   D. impot

3. 下面的描述中，正确的是（   ）。

    A. 控制台应用程序主要用于对设备的控制

    B. 控制台应用程序中也包含了 Windows 系统的组成元素

    C. Windows 窗体应用程序和 Web 程序二者之间没有区别

    D. Web 程序是 C# 可以开发的多种程序之一

4. 下面的描述中，正确的是（   ）。

    A. C# 语言是专为 .NET 平台设计的语言

B. . NET 中仅能使用 C# 语言进行程序设计

C. . NET 中 C# 语言设计的程序运行效率最高

D. 可视化语言是指该语言可以通过文本编辑工具直接进行查看

5. C# 的 Windows 程序中，所有控件共有的属性是（　　　）。

A. Text
B. Name

C. ForeColor
D. Caption

6. C# 是（　　　）公司推出的优秀集成开发环境。

A. Sun
B. Borland

C. Oracle
D. Microsoft

7. 下面所列程序设计语言，发明先后顺序书写正确的是（　　　）。

A. Fortran，BASIC，C#，Java
B. Fortran，C，Java，C#

C. BASIC，C，C#，C ++
D. BASIC，Java，C ++，C#

8. 计算机程序设计语言通常被分类为（　　　）。

A. 面向过程语言、面向对象语言或函数式语言

B. 机器语言、汇编语言、高级语言

C. 数据库语言、通用语言、嵌入式语言

D. 可视化语言、非可视化语言

9. 从 Visual Studio（　　　）版本开始引入了云计算。

A. 2010
B. 2008

C. 2005
D. 2002

10. Visual Studio 2010 中不包含的语言是（　　　）。

A. C 语言
B. C ++ 语言

C. BASIC 语言
D. Java 语言

二、思考题

1. 什么是程序设计？为什么需要程序设计？

2. 你所知道的程序设计语言有哪些？

3. . NET 平台中源程序是如何编译的？

4. C# 控制台应用程序由哪几部分组成？

5. 简述 Visual Stduio 开发环境的发展历程。

第 2 章　C# 程序设计基础

本章介绍 C# 程序设计的基础知识，包括 C# 提供的基本数据类型、常量和变量在程序中的表示方法、不同数据类型数据之间的转换规则、C# 语言中的基本运算符的使用方法。

2.1　C# 基础语法

2.1.1　C# 的字符集

字符是构成程序设计语言的最小语法单位。不同程序设计语言的基本字符集是大同小异的，它们都以 ASCII 字符集为基础。

C# 的基本字符集包括数字、大小写英文字母和一些特殊字符。特殊字符如空格、!、"、#、$、%、&、'、(、)、*、+、,、-、.、/ :、;、< 、=、>、?、@、[、\、]、^、_、{、|、}和 ~ 等。

C# 中所有字符都是使用 Unicode 编码表示的。按照 Unicode 的编码规定，每个字符都由两个字节（16 位二进制数）来表示，编码范围为 0 ~ 65535，因此 Unicode 字符集最多可以表示 65536 个字符，基本上能够包含世界上大多数语言的字符集。ASCII 字符集已经成为 Unicode 字符集的一个子集。当用 16 位二进制数来表示一个 ASCII 字符时，高 9 位全部以 0 填充。中文字符集也已经成为 Unicode 字符集的一个子集。

2.1.2　C# 的词汇集

C# 的词汇集主要包括关键字、标识符和文字常量等。

1. 关键字

关键字又称保留字，是对程序设计语言编译器具有特殊意义的预定义保留标识符，编译器在扫描源程序时，遇到关键字将做出专门的解释。C# 的关键字共有 77 个，见表 2-1。

表 2-1　C# 的关键字

abstract	event	new	struct
as	explicit	null	switch
base	extern	object	this
bool	false	operator	throw
break	finally	out	true
byte	fixed	override	try
case	float	params	typeof
catch	for	private	uint

（续）

char	foreach	protected	ulong
checked	goto	public	unchecked
class	if	readonly	unsafe
const	implicit	ref	ushort
continue	in	return	using
decimal	int	sbyte	virtual
default	interface	sealed	volatile
delegate	internal	short	void
do	is	sizeof	while
double	lock	stackalloc	
else	long	static	
enum	namespace	string	

2. 标识符

标识符是给程序中处理的数据对象（如变量、常量、函数和数据类型等）取的名字。C# 中标识符的构成规则如下：

1）组成标识符的字符为字母、数字和下画线。

2）标识符中第一个字符必须是字母或下画线。

3）用户在程序中自定义的标识符一般不允许使用表 2-1 中的关键字。如果需要使用 C# 语言的关键字作为自定义标识符，则标识符用字符"@"引导。

4）在 C# 语言的标识符构成中，要区分字符的大小写形式。

下面是一些合法标识符的示例：

　　　myInt

　　　_myDouble

　　　@ while　　　//while 是语言关键字,作为标识符需要用@ 字符引导

下面是一些无效（非法）标识符的示例：

　　　9myInt　　　//第一个字符是数字字符

　　　double　　　//使用语言的关键字作为标识符

　　　myMoney $　　　//包含有非法字符 $

2.2　C# 的基本数据类型

数据是程序的必要组成部分，也是程序的处理对象。对应用程序中的数据来说，每个数据都必须具有确定的数据类型，数据的类型决定了该数据能够取值的范围以及能够参与的操作。C# 支持的数据类型分为两个大类：值类型和引用类型。值类型包括简单类型、枚举类型和结构类型，其中简单类型又分为数值类型（整型数据类型和实型数据类型）、字符类型、布尔类型。引用类型包括数组类型、类类型、代理（委托）类型及接口类型。C# 支持的数据类型见表 2-2。

表 2-2　C# 支持的数据类型

值类型	简单类型	数值类型	整型数据类型
			实型数据类型
		字符类型	
		布尔类型	
	枚举类型		
	结构类型		
引用类型	数组类型		
	类类型		
	代理类型		
	接口类型		

在 C# 语言中，值类型数据对象占用的存储空间大小相对固定，在其所占存储空间中直接存放该类数据对象所具有的值，程序中使用数据对象的名字即可直接访问其所具有的值。引用类型数据对象占用的存储空间大小随需要而定，该类数据对象并不真正表示自己所具有的内容，而是表示自己内容所在存储区域的引用（起始地址），程序中使用该数据对象的名字作为一个指引，通过该指引找到其内容所占据的存储空间，进而访问该引用类型数据对象所具有的值。

2.2.1　C# 中的常量与变量

C# 程序中处理的数据有常量与变量之分，常量和变量都具有自己特定的数据类型。

在程序的运行过程中，其值不能被改变的量称为常量。C# 语言中的常量有 4 类：数、字符、字符串和布尔常量，它们不必进行任何说明就可以在程序中直接使用。

在程序的运行过程中，其值能够被改变的量称为变量。程序中的变量用标识符来命名。C# 语言是一种强类型语言，规定程序中的变量在使用之前必须加以定义。程序中的每一个变量都应有确定的数据类型，在一个程序中一个变量只能属于一个类型，不能先后被定义为两个或多个不同类型。C# 语言中，变量的定义的一般形式如下所示：

数据类型名 变量名列表；

其中，数据类型名用以指明变量名列表中变量所具有的数据类型，变量名列表由一个变量名或若干个用逗号分隔的变量名组成。

2.2.2　整型数据类型

C# 语言提供的整型数据类型有 4 大类，每类都包括有符号和无符号两种数据类型。有符号类型可以存储数据的符号，即能够存储负的或正的整型数据，而无符号类型则只能存放正的整型数据。在 C# 语言中，同时支持使用 .NET 数据类型。表 2-3 列出了 C# 支持的所有整型数据类型以及对应的 .NET 整型数据。

在 C# 的整型常量表示中，可以使用十进制数据和十六进制数据两种形式，其中十六进制数据使用 0x 或者 0X 开头，使用的数码为 0 ~ 9 和 a ~ f（或 A ~ F）。在整型常量的后面加上 L（或 l）后缀表示长整型数据，加上 U（或 u）后缀表示无符号整型数据，同时加上两种后缀（顺序任意）表示无符号长整型数据。

表2-3　C# 支持的整型数据类型

C# 类型	. NET 类型	占用字节/B	取 值 范 围
sbyte	SByte	1	− 128 ~ 127
byte	Byte	1	0 ~ 255
short	Int16	2	− 32768 ~ 32767
ushort	Uint16	2	0 ~ 65535
int	Int32	4	− 2147483648 ~ 2147483647
uint	Uint32	4	0 ~ 4294967295
long	Int64	8	− 9223372036854775808 ~ 9223372036854775807
ulong	Uint64	8	0 ~ 18446744073709551615

在 C# 程序设计中，可以使用一条语句定义一个或者若干个同类型的整型变量，例如：

```
int myInt1 ,myInt2；//同时定义两个整型变量 myInt1 和 myInt2
ulong myULong1；//定义了一个无符号长整型变量 myULong1
```

在 C# 程序设计中，还可以在定义整型变量的同时对其进行初始化。初始化时，提供的初始化整数值一定要在所对应变量的取值范围之内。如果提供的初始化值超过了对应变量的取值范围，编译器会指出这种错误。至于表示长整数的后缀 L（或 l）以及表示无符号整数的 U（或 u），书写初始化整数常量时使用与否都可以。

下面是一些正确的整型变量初始化示例：

```
sbyte mySbyte = 125；
byte myByte = 200；
short myShort = − 2550；
ushort myUShort = 55555；
int myInt1 = − 65536，myInt2 = 12135；
uint myUInt = 2147483647；
long myLong = − 4294967295；
ulong myULong = 4294967295；
```

下面是一些错误的整型变量初始化示例：

```
byte myByte = − 200；//为无符号字节变量赋负值
ushort myUShort = 2147483647；//初始化数据超过无符号短整型数据表示范围
int myInt = 3. 1415926；//为整型变量赋实型初始化数据
```

2.2.3　实型数据类型

C# 语言提供3 种实型数据类型，分别是单精度实型（也称为浮点型）、双精度实型、十进制小数型。其中，单精度实型数据可以提供大约 7 位有效数据，双精度实型数据可以提供大约 15 ~ 16 位有效数据，十进制小数型可以提供大约 28 位有效数据。实型数据类型都是有符号数据类型，C# 支持的实型数据类型见表 2-4。

表 2-4　C# 支持的实型数据类型

C# 类型	. NET 类型	占用字节/B	取　值　范　围
float	Single	4	$\pm 1.5 \times 10^{-45} \sim \pm 3.4 \times 10^{38}$
double	Double	8	$\pm 5 \times 10^{-324} \sim \pm 1.7 \times 10^{308}$
decimal	Decimal	16	$\pm 1.0 \times 10^{-28} \sim \pm 7.9 \times 10^{28}$

在 C# 的实型常量表示中，有实数形式和指数形式。实数形式由数字和小数点组成，如 888.88、0.88 等。指数形式数据由数字 0 ~ 9、小数点和表示阶码的标志 E（或 e）组成，其组成形式一般为：

整数部分. 小数部分 E(或 e)指数部分

指数形式对应于自然科学中的科学计数法，其中用字母 E（或 e）来表示幂的底，在其后用整数表示数的指数。例如，123E5 表示 123×10^5，123E – 5 表示 123×10^{-5}。

在使用实型数据的指数表示形式时应该注意下面两点：

1）指数部分只能是整数而不能用实数表示，如 123E1.5 是错误的表示方法。

2）字母 E（或 e）之前的尾数部分不能省略，如 10^{-8} 不能只写为 E – 8，而应该写成 1E – 8（或者 1e – 8）。

在 C# 程序设计中，可以使用一条语句定义一个或者若干个同类型的实型变量，例如：

double myDouble；　　//定义了一个双精度实型变量 myDouble

float myFloat1，myFloat2；//同时定义了两个单精度实型变量 myFloat1 和 myFloat2

在 C# 程序设计中，也可以在定义实型变量的同时对其进行初始化。必须注意的是，C# 语言默认实型数据常量为双精度实型（double 类型）数据，在为单精度实型变量赋初始值时需要在数据常量后使用后缀 F（或 f），在为十进制小数型变量赋初始值时需要在数据常量后使用后缀 M（或 m）。在为双精度实型变量赋初始值时，数据常量后使不使用后缀 D（或 d）都可以。

下面是一些正确的实型变量初始化示例：

float myFloat1 = 123f，myFloat2 = – 12.52F；

double myDouble1 = 1.5E – 3D，myDouble2 = 123.53；

decimal myDecimal1 = 234M，myDecimal = 324.6728m；

下面是一些错误的实型变量初始化示例：

float myFloat1 = 123；　　　//初始化单精度变量的数据常量后没有后缀 F(或 f)

decimal myDecimal1 = 324.6728；//数据常量没有使用后缀 M(或 m)

float myFloat2 = 1.5E – 3D；　　//数据常量错误使用后缀 D

2.2.4　字符类型

字符类型用于表示单个字符数据。C# 支持的字符类型信息见表 2-5。

表 2-5　C# 支持的字符类型

C# 类型	. NET 类型	占用字节/B	取　值　范　围
char	Char	2	16 位 Unicode 字符

　　C# 中使用的字符数据常量依照书写方式可以分为两大类，即普通字符和转义字符。普通字符是由单引号括起来的一个可打印字符，如'a'、'?'、'A'等。转义字符是由反斜杠"\"开头的字符序列，此时反斜杠字符后面的字符或字符序列不表示自己本身的含义而转变为表示另外的特定意义。转义字符一般表示一种控制功能，或者用于表示不能直接从键盘上输入的字符数据，表 2-6 中列出了常用的转义字符。

表 2-6　常用转义字符表

转 义 字 符	意　　义	功 能 解 释
\0	NULL	字符串结束符
\b	退格	把光标向左移动一个字符
\n	换行	把光标移到下一行的开始
\\	反斜杠	引用反斜杠字符
\"	双引号	在字符串中引用双引号
\'	单引号	在字符串中引用单引号
\a	响铃	报警响铃
\f	换页	（打印机）换到下一页
\t	水平制表	把光标移到下一个制表位置
\xhhhh		1～4 位十六进制数所表示的字符
\uxxxx		4 位十六进制数所表示的字符

　　转义字符表（见表 2-6）的最后两行说明，可以使用转移字符的方式表示 Unicode 字符集中的任何一个字符，两者的不同方式在于：使用 \x 引导时，若字符的 Unicode 码不足 4 位十六进制数，可以按照实际需要的位数书写；使用 \u 引导时，若字符的 Unicode 码不足 4 位十六进制数，则需在前面添 0 补齐 4 位。例如，使用'\x41'、'\x041'及'\x0041'都可以表示应为字母'A'，但使用 \u 引导时则只能书写为'\u0041'，否则系统会认为是"无法识别的转义序列"。

　　在 C# 程序设计中，可以使用一条语句定义一个或者若干个字符型变量，例如：

```
char myChar;        //定义了一个字符型变量 myChar
char myChar1, myChar2;//同时定义了两个字符型变量 myChar1 和 myChar2
```

　　在 C# 程序设计中，同样可以在定义字符型变量的同时对其进行初始化。对字符型变量的初始化值只能是单个的字符常量，若使用字符串数据初始化字符变量，编译系统会指出不能将字符串转换为字符的错误。

　　下面是一些正确的字符型变量初始化示例：

```
char myChar1 = 'A';
char myChar2 = '\x41';
char myChar3 = '\u0041';
```

　　下面是一些不正确的字符型变量初始化示例：

```
char myChar1 = 'A' + 1;         //'A'+1 是整型数据常量,不能自动转换为字符
char myChar2 = "a";             //"a"是字符串常量,不能转换为字符
char myChar3 = '\u041';         //在 \u 后面十六进制数据不足 4 位
```

2.2.5 布尔类型

布尔类型是一种用来表示条件成立与否，即"真"或"假"的逻辑数据类型，布尔类型占用 1B 的存储区域。布尔类型变量只有两种取值：true，用以表示条件成立，即逻辑"真"的概念；false，用以表示条件不成立，即逻辑"假"的概念。C# 支持的布尔类型信息见表 2-7。

表 2-7　C# 支持的布尔类型

C# 类型	.NET 类型	占用字节/B	取 值 范 围
bool	Boolean	1	逻辑值 true 或逻辑值 false

在 C# 程序设计中，可以使用一条语句定义一个或者若干个布尔型变量，例如：

bool myBool;　　//定义一个布尔型变量 myBool

bool myBool1, myBool2;//同时定义了两个布尔型变量 myBool1 和 myBool2

在 C# 程序设计中，同样可以在定义布尔型变量的同时对其进行初始化。对布尔型变量的初始化值只能是 true 和 false 中的一个，布尔型变量没有显示初始化时初始值为 false。

下面是一些正确的布尔型变量初始化示例：

bool myBool = true;

bool myBool1 = true, myBool2;// myBool2 的初始值为 false

在 C# 中使用布尔类型数据时应该特别注意，由于 C# 不支持布尔类型数据常量值与整型数值之间的转换，所以不能将 true 值与整型非 0 值进行转换，也不能将 false 值与整型 0 值进行转换。

2.3　基本运算符

C# 语言提供的运算符非常丰富。在 C# 语言提供的运算符中，一些运算符只需要一个运算对象（操作数），这种运算符称为单目运算符；另外一些运算符需要两个运算对象，这些运算符称为双目运算符；还有比较特殊的运算符需要三个运算对象，称这种运算符为三目运算符。在程序设计中，运算符必须与运算对象结合在一起才能体现其功能，与运算符密切相关的程序构成成分是表达式。由运算符和圆括号将运算对象连接起来的、符合 C# 语言语法规则的式子称为 C# 语言的表达式。运算对象包括常量、变量、方法（函数）等，特别应该注意的是，单个的常量、变量或方法（函数）本身也是表达式。为了能够确定表达式的运算次序，所有的运算符还具有特定的优先级别。在表达式运算时，优先级高的操作先于优先级低的操作。C# 语言将表达式中的各种运算符运算的先后顺序规定为 14 个由高到低的优先级别。C# 语言提供的运算符以及它们的优先级见表 2-8（表中按照优先级从高到低排列）。

在表达式运算过程中，如果表达式中的一个数据对象两边具有同优先级的运算符，按照下面的规则确定表达式的运算次序：

1）除赋值运算符外，所有的双目运算符都遵从"左"结合性，运算对象先与自己左边的运算符结合进行运算（即从左到右进行运算）。例如，对于表达式 a + b − c，先求 a + b 之和，然后再进行减 c 的操作。

表 2-8 运算符及运算符的优先级

优 先 级	运 算 符
1	x.y, f(x), a[x], x++, x--, new, typeof, checked, unchecked, ->
2	+, -,!, ~, ++x, --x, (T)x, True, False, &, sizeof
3	*, /,%
4	+, -
5	<<, >>
6	<, >, <=, >=, is, as
7	==,!=
8	&
9	^
10	|
11	&&
12	‖
13	? :
14	=, +=, -=, *=, /=,%=, &=, |=, ^=, <<=, >>=,??

注：表中的 x、y 表示任意的数据对象，T 表示任意数据类型。

2）赋值运算符和条件运算符（? :）遵从"右"结合性，运算符对象先与自己右边的运算符结合进行运算（即从右到左进行运算）。例如，对于表达式 a = b = 100，先将 100 赋值给变量 b，然后再赋给变量 a。

3）根据运算的需要，可以通过恰当地使用圆括号的方式来改变表达式的运算次序。

2.3.1 赋值运算符

在 C# 语言中，赋值运算符" = "的作用是将一个数据或一个表达式的值赋给一个变量。用赋值号" = "把一个变量和一个表达式连接起来的式子称为赋值表达式。赋值表达式的一般形式如下：

    varible = expression

式中　varible：赋值运算符左边的数据对象只能是变量；

　　　expression：赋值运算符右边的数据对象一般是表达式，包括单个的常量、变量或方法（函数）调用。

例如，a = 10 的意义是将整型数 10 赋给变量 a 作为其值；y = x + 110 的意义是先计算 x + 110 的值，然后将结果赋给变量 y 作为其值。

与赋值表达式紧密相关的是赋值语句。赋值语句的构成是在赋值语句后面加上 C# 规定的语句结尾符号——分号（;）。例如，"a = 10;"就是由表达式"a = 10"构成的赋值语句。

注意赋值表达式与赋值语句的不同，赋值表达式本身不能在程序中单独作为一条语句使用，而只能作为语句的一部分。赋值表达式的使用主要有下面两种方式：

1）构成赋值语句，此时只需要在赋值表达式的后面添上分号即可。

2）作为其他表达式的组成成分，即赋值表达式是该表达式中的一个数据对象。例如，设有语句"d＝(a＝200)＋c＊d;",则整条语句是一个赋值语句,该条语句要实现的功能是将表达式"(a＝200)＋c＊d"的值赋给变量 d,其中的"(a＝200)"是一个赋值表达式,作为整个表达式中的一个成分参与运算。

当赋值运算符两边的数据对象类型不一致时,赋值操作时要自动进行数据类型的转换。由于 C# 语言中有严格的类型检查,所以并不是任意类型都可以相互转换,当赋值转换不能进行时,编译系统会指出错误。在 C# 语言中,自动赋值转换进行的条件:赋值运算符两端对象的数据类型兼容,并且左边变量的取值范围大于或等于右边表达式的取值范围。

设有如下所示的代码段:

```
int a;
long d;
d = a = 100;
```

在代码段中,由于变量 a 和变量 d 的类型是兼容的,且变量 a 的取值范围小于变量 d 的取值范围,赋值转换可以正确自动进行。

设有如下所示的代码段:

```
double a = 123.5;
float b = 100.4f;
b = a + b;       //错误:无法将 double 类型数据自动转换为 float 类型数据
```

在上面代码段中,表达式 a＋b 的值是双精度实型数据,虽然变量 b 也是实型变量,但由于其是单精度实型变量,取值范围小于双精度实型,所以赋值转换不能自动进行。

2.3.2　算术运算符

C# 语言中提供的算术运算符分成两类:

(1) 单目运算符

单目运算符有正号运算符"＋"和负号运算符"－"。

(2) 双目运算符

双目运算符共有 5 个,分别是加号"＋"、减号"－"、乘号"＊"、除号"/"和求模运算符"%"。

算术运算符在 C# 程序设计中的使用方法与在自然科学中的使用方法类似。在基本运算符的使用中,有两点需要注意:

1) 当两个整数相除时,得到的结果仍然是整数。除法结果采用截取法取整,即直接将小数部分去掉。例如,7/5 结果是 1,－7/5 结果是－1。

2) 求模运算就是求余数。参加求余数运算的数据既可以是整型数据,也可以是实型数据。求余数运算结果的符号与第一个(左边)运算对象相同。例如,7%5 结果是 2,－7%5 结果是－2,7%－5 结果是 2,－7%－5 结果是－2。

【例2-1】　创建控制台应用程序,演示算术运算符的使用。

```
namespace ex0201
{
    class Program
    {
```

```
static void Main(string[ ] args)
{
    int a = 10, b = 20, c, d, e;
    float x = 10.1f, y = 0.00001f, z1, z2;
    c = a + b;
    d = a / b;
    e = a % b;
    z1 = x + y;
    z2 = y % 5;
    Console.WriteLine("c = {0},d = {1},e = {2}", c, d, e);
    Console.WriteLine("z1 = {0},z2 = {1}", z1, z2);
    Console.ReadLine();
}
}
}
```

程序的运行结果:

```
c = 30,d = 0,e = 10
z1 = 10.10001,z2 = 1E - 05
```

2.3.3 复合赋值运算符

复合赋值运算符是在赋值运算符" = "的前面加上其他运算符构成的一种运算符。复合赋值运算符又称为"自反运算符",简称为"复合赋值符"。C# 语言规定,凡是双目运算符都可以与赋值运算符一起组成复合赋值运算符。常用的复合赋值运算符有 10 个,它们是:

+= 、- = 、* = 、/= 、% = 、< <= 、> >= 、& = 、^= 、| = 。

如果用符号 OP 表示某一双目运算符,则用复合赋值运算符构成表达式的一般形式为:

< operand1 > OP = < operand2 >

这种由复合赋值运算符构成的表达式在 C# 语言中被解释为:

< operand1 >= < operand1 > OP (< operand2 >)

需要注意的是:当 operand2 是单个变量或常数时,括住 operand2 的括号可以省略;而当 operand2 是一个一般的表达式时,必须用括号将其括起来。例如:

```
a += 5        相当于   a = a + 5          //省略了括住第二个操作数的括号
x *= y + 1    相当于   x = x * (y + 1)    //不能省略括住第二个操作数的括号
x% = y - 5    相当于   x = x% (y - 5)     //不能省略括住第二个操作数的括号
```

【例 2-2】 创建控制台应用程序,演示复合赋值运算符的使用。

```
namespace ex0202
{
    class Program
    {
        static void Main(string[ ] args)
```

```
        {
            double a = 10. 5 , b = 30. 8 ;
            int x = 100 , y = 5 ;
            a += b ;
            x % = y + 1 ;
            Console. WriteLine( " a = {0} ,x = {1} " , a, x ) ;
            Console. ReadLine( ) ;
        }
    }
}
```

程序的运行结果：

    a = 41. 3 ,x = 4

2.3.4 自增/自减运算符

自增运算符" ++ "和自减运算符" -- "是两个单目运算符，它们都只需要一个运算对象，其功能是将运算对象的值增加或减少一个该对象的单位值。例如，整型数据的单位值是整数1，对整型数据而言是增加或减少数值1。在使用自增运算符和自减运算符时要注意下面两点：

1）自增运算符和自减运算符都可以作用于整型变量、实型变量或者字符型变量，而不能作用于构造数据类型的变量。

2）自增运算符和自减运算符不能作用于一般意义的表达式。例如，下面的语句序列存在着错误：

    int a = 100 ;
    -- (a + 100) ;   //错误原因:试图对表达式 a + 100 施加自减运算

自增、自减运算符在使用的形式上，都有前缀和后缀两种形式。在前缀或后缀形式时，其取值的方法是不同的：

（1）自增、自减运算符的前缀形式

前缀形式即自增、自减运算符（ ++ 、 -- ）出现在变量的左侧，如 ++i、--i。此时的操作方式是"先增值后引用"，即数据对象的值先自增/自减一个数据单位，然后使用变化后的数据对象值。

（2）自增、自减运算符的后缀形式

后缀形式即自增、自减运算符（ ++ 、 -- ）出现在变量的右侧，如 i++、i--。此时的操作方式是"先引用后增值"，即使用变化之前的数据对象值，然后数据对象的值再自增/自减一个数据单位。

【例2-3】 创建控制台应用程序，演示自增/自减运算符的使用。

```
namespace ex0203
{
    class Program
    {
```

```
static void Main(string[ ] args)
{
    int a = 10, b;
    double c = 5.5, d;
    b = ++a;
    Console.WriteLine("a={0},b={1}", a, b);
    d = c++;
    Console.WriteLine("c={0},d={1}", c, d);
    Console.ReadLine();
}
}
}
```

程序在执行表达式 b = ++a 时，由于此时 ++a 是前缀形式，所以先将变量 a 的值增加到 11，然后将该值赋给变量 b；执行表达式 d = c++ 时，由于此时 c++ 是后缀形式，所以先将变量 c 的值 5.5 赋给变量 d，然后变量 c 自己增值一个单位得到新值 6.5。程序的运行结果：

```
a=11,b=11
c=6.5,d=5.5
```

2.3.5 sizeof 运算符

sizeof 运算符是 C# 语言中特有的一个运算符，其使用形式为：

sizeof(< typeName >)

其中，typeName 表示被测试的数据类型名，必须是数值型数据的名字。sizeof 运算符的功能是返回其所测试的数据类型变量需要占用的存储单元字节数。例如，sizeof(int) 的值为 4。

【例 2-4】 创建控制台应用程序，测试 C# 中基本数据类型占用的存储单元字节数。

```
namespace ex0204
{
    class Program
    {
        static void Main(string[ ] args)
        {
            Console.WriteLine("字符数据对象:{0}", sizeof(char));
            Console.WriteLine("字节数据对象:{0}", sizeof(sbyte));
            Console.WriteLine("无符号字节数据对象:{0}", sizeof(byte));
            Console.WriteLine("短整型数据对象:{0}", sizeof(short));
            Console.WriteLine("无符号短整型数据对象:{0}", sizeof(ushort));
            Console.WriteLine("整型数据对象:{0}", sizeof(int));
            Console.WriteLine("无符号整型数据对象:{0}", sizeof(uint));
            Console.WriteLine("长整型数据对象:{0}", sizeof(long));
```

```
        Console. WriteLine("无符号长整型数据对象:{0}", sizeof(ulong));
        Console. WriteLine("单精度实型数据对象:{0}", sizeof(float));
        Console. WriteLine("双精度实型数据对象:{0}", sizeof(double));
        Console. WriteLine("十进制小数型数据对象:{0}", sizeof(decimal));
        Console. ReadLine();
    }
  }
}
```

程序执行的结果如下。

```
字符数据对象:2
字节数据对象:1
无符号字节数据对象:1
短整型数据对象:2
无符号短整型数据对象:2
整型数据对象:4
无符号整型数据对象:4
长整型数据对象:8
无符号长整型数据对象:8
单精度实型数据对象:4
双精度实型数据对象:8
十进制小数型数据对象:16
```

2.4　C# 中的数据类型转换

在 C# 程序设计过程中，各种运算和运算对象是不可缺少的。C# 语言允许在由简单数据类型构成的表达式中存在不同类型数据之间的运算，这些不同的数据类型由于表示的范围和精度不同，涉及如何来对这些不同的数据类型的数据进行运算及保存的问题，因此需要程序设计语言提供在混合运算中的数据类型转换方法。在 C# 语言中，提供了两种数据类型转换的方法：隐式类型转换和显式类型转换。

2.4.1　数据的隐式类型转换

隐式类型转换是系统的自动转换，数据类型转换的原则是向表达数据能力更强的数据类型方向转换。C# 语言规定的隐式类型转换规则见表 2-9。如果表达式运算中存在表 2-9 规定之外的数据转换，那么编译系统会指出相应的错误。

根据简单类型表达式混合运算的自动数据类型转换规则，可以非常容易地得到一个结论：一个具有多种类型数据构成的表达式，如果在数据进行混合运算时均使用隐式（自动）数据类型转换，则表达式最终运算结果的数据类型与构成表达式的各数据对象中数据类型级别最高的数据对象相同。例如，一个具有 int 型数据、float 型数据和 double 型数据的混合运算表达式，其最终的运算结果为 double 数据类型。

表 2-9   C# 表达式运算隐式类型转换规则

序　　号	被转换类型	可以转换的类型
1	char	ushort, int, uint, long, ulong, float, double, decimal
2	sbyte	short, int, long, float, double, decimal
3	byte	short, int, uint, long, ulong, float, double, decimal
4	short	int, long, float, double, decimal
5	ushort	int, uint, long, ulong, float, double, decimal
6	int	long, float, double, decimal
7	uint	long, ulong, float, double, decimal
8	long	float, double, decimal
9	ulong	float, double, decimal
10	float	double

2.4.2   数据的显式类型转换

在 C# 程序设计中，如果有需要可以对数据进行显式类型转换。显式类型转换又称为强制类型转换。显式类型转换的一般形式如下：

　　　　（typeName）（＜Expression＞）

式中　　typeName：期望转换成的数据类型名字；

　　　　Expression：被转换的变量或表达式。

显式类型转换的功能是：在本次运算中，强制表达式的值转换成指定的数据类型参加运算。注意，若被转换的对象是表达式，则需用括号将整个被转换对象括住；若被转换的对象是单个变量，则括号可以省略。例如，有如下语句序列：

　　　　float x = 2.5；

　　　　int a = 10, m, n；

　　　　m = a + (int)x；　　　／＊实型变量 a 的值在强制转换为整型后与变量 a 相加,m 的值
　　　　　　　　　　　　　　　　　为 12 ＊／

　　　　n = a + (int)(x + 1.8)；／＊表达式 x + 1.8 的结果值 4.3 强制转换为整数 4 后与变量
　　　　　　　　　　　　　　　　　a 相加 ＊／

在使用强制类型转换时特别应该注意的是，类型转换只对标注强制转换这一次起作用，在程序的其余地方，变量还保留其原有的值。在理解强制类型转换时也可以将（类型名）理解成为强制类型转换运算符，那么强制类型转换的结果应该是由强制类型转换运算符所决定的强制类型转换表达式的结果，而构成表达式的各数据对象仍然保留其原值。例如，对于表达式"(int)x"而言，表达式运算的结果是对变量 x 转换为整型后得到的数据，但变量 x 仍保留原值，即变量 x 的值没有发生任何变化。

【例 2-5】　创建控制台应用程序，演示基本数据类型数据的显式类型转换。

```
namespace ex0205
{
    class Program
```

```
    {
        static void Main(string[] args)
        {
            double x = 100.5;
            int i = 3, j;
            Console.WriteLine("x = {0}", x);
            j = (int)x % i;
            Console.WriteLine("j = {0}, x = {1}", j, x);
            Console.ReadLine();
        }
    }
}
```

程序运行的结果：

  x = 100.5

  j = 1, x = 100.5

从程序的运行结果可以看出，实型变量 x 的值在执行表达式 "(int)x%i" 前后均为它自己本身具有的实型数值 100.5。

2.5　数据的基本输入/输出方法

任何一个计算机应用程序，无论是控制台应用程序还是 Windows 应用程序，数据的输入和输出操作都是必不可少的。

2.5.1　控制台应用程序中数据输入/输出方法

在 C# 控制台应用程序中，数据的输出主要通过 Write 方法或 WriteLine 方法实现，而数据的输入主要通过 Read 方法和 ReadLine 方法实现。下面简单介绍这 4 个方法在控制台应用程序中的基本使用方法。

1. 格式化输出方法 Write 和 WriteLine

C# 控制台应用程序通过调用 Write 方法或 WriteLine 方法向标准设备输出多个任意类型的数据，格式化输出方法的完整使用形式如下所示：

  System.Console.Write(输出数据项列表);

  System.Console.WriteLine(输出数据项列表);

如果在程序前面使用 "using System;" 语句引入了 System 命名空间，则方法的调用形式为：

  Console.Write(输出数据项列表);

  Console.WriteLine(输出数据项列表);

Write 和 WriteLine 方法的不同之处有两点：

1）Write 方法不能没有输出数据项，而 WriteLine 方法可以没有输出数据项。

2）Write 方法输出指定数据项后不会换行，而 WriteLine 方法会自动换行。当 WriteLine

方法输出的数据项数为 0 时，表示仅进行换行操作。

例如，"Console. Write(″请输入您的姓名:″);"和"Console. WriteLine(″欢迎″+ name +″进入 C# 程序设计的广阔天地!″);"语句都输出了一个字符串数据项，不同之处在于前面一句输出字符串后没有换行，而后面一句在输出字符串数据项后进行了换行操作。

Write 方法和 WriteLine 方法除了可以直接输出任何数据类型的数据外，还可以对数据进行格式化输出。以 WriteLine 方法为例（Write 方法与此相同），通过在方法中使用格式控制字符串实现格式化输出。其调用形式如下所示：

Console. WriteLine("格式控制字符串",输出数据项列表)；

格式控制字符串由普通字符和格式控制项组成，其中的普通字符在方法执行时照原样输出，即在指定的位置输出指定的字符（或字符串）。格式控制项由一对大括号括起来，每个格式控制项对应一个输出数据项列表中的数据，格式控制项的一般形式如下：

{ p, m:n }

其中，p 表示格式对应的输出数据项序号，从 0 开始编号；m 表示指定的数据项输出时所占的宽度（即使用的字符个数），当指定的宽度小于数据的实际需要时，则按实际需要输出；n 表示格式化字符。格式化字符及其意义见表 2-10。在实型数据的格式化字符后还可以指定输出数据项的小数位数。

表 2-10 格式化字符及其意义

格式化字符	格式化字符意义描述
f 或 F	指定用小数形式输出实型数据
e 或 E	指定用指数形式输出实型数据
g 或 G	指定由系统选择小数形式或指数形式输出实型数据
p 或 P	指定用百分数形式输出指定数据
n 或 N	指定用逗号分隔的形式输出指定数据
c 或 C	指定用本地货币形式输出指定数据
d 或 D	指定用十进制形式输出整型数据
x 或 X	指定用十六进制形式输出整型数据

【例2-6】 创建控制台应用程序，演示输出格式的控制方法（注意：为了节约篇幅，在示例程序中仅列出相关方法的代码）。

```
static void Main(string[] args)
{
    int myInt1 = 12340, myInt2 = 56789;
    Console. Write(myInt1);
    Console. Write(myInt2);
    Console. WriteLine();
    Console. WriteLine("myInt1 = {0,3}, myInt2 = {1,8}", myInt1, myInt2);
    Console. WriteLine("myInt1 = {0,7:d}, myInt2 = {1,7:x}", myInt1, myInt2);
    double myDouble = 12345. 6789;      //系统默认实型常数为双精度型
    float myFloat = 12345. 6789f;       //单精度实型常数用 f 后缀表示
```

```
        Console. WriteLine("myDouble = {0,10:f3}, myFloat = {1,10:f3}",
                myDouble, myFloat);
        Console. WriteLine("myDouble = {0,10:e3}, myDouble = {1,10:p2}",
                myDouble, myDouble);
        Console. WriteLine("myDouble = {0,10:n2}, myDouble = {1,10:g2}",
                myDouble, myDouble);
        Console. Read();
    }
```

上面程序主要演示了对于整型数据和实型数据施以格式控制输出，读者可对照表2-10分析理解。

2. 单个字符输入方法 Read

C# 控制台程序通过调用 Read 方法实现从键盘上读入单个字符数据，其完整的调用形式为：

```
        System. Console. Read();
```

如果在程序前面使用"using System;"语句引入了 System 命名空间，则方法的调用形式为：

```
        Console. Read();
```

Read 方法的功能是从键盘上接收一个字符，但其返回的是该字符所对应的整数表示的代码。因此，使用 Read 方法从键盘输入字符时，应该将其强制转换后再赋值给相应的字符数据对象。例如：

```
        char myChar = (char)Console. Read();
```

3. 字符串输入方法 ReadLine

C# 控制台程序通过调用 ReadLine 方法实现从键盘上输入一个字符串，其完整的调用形式为：

```
        System. Console. ReadLine ();
```

如果在程序前面使用"using System;"语句引入了 System 命名空间，则方法的调用形式为：

```
        Console. ReadLine();
```

ReadLine 方法的功能是从键盘上接收一个字符串，如果需要输入整型或实型数据，则要使用相应的转换方式将输入的数字字符串转换成为相应的数据。

在输入数据转换中，最常用的转换方式是使所有数值类型都具有的 Parse 方法。Parse 方法的调用形式为：

```
        <数据类型名>. Parse(数字字符串);
```

例如：

```
        int myInt = int. Parse(Console. ReadLine());      //输入整型数据的方法
        double myDouble = double. Parse(Console. ReadLine());      //输入实型数据的方法
```

【例2-7】 创建控制台应用程序，演示数据输入的方法。

```
static void Main(string[] args)
{
```

```
Console. Write("请输入一个字符串：");
string myString = Console. ReadLine();
Console. WriteLine("输入的字符串是：{0}",myString);
Console. Write("请输第 1 个实数：");
double myDouble1 = double. Parse(Console. ReadLine());
Console. Write("请输第 2 个实数：");
double myDouble2 = double. Parse(Console. ReadLine());
Console. WriteLine("两个实数之和是：{0}", myDouble1 + myDouble2);
Console. ReadLine();
}
```

2.5.2 Windows 窗体应用程序中数据常用的输入/输出方法

在 Windows 窗体应用程序中，最基本的数据输入方法是通过文本框控件对象向应用程序内部传递数据，最基本的数据输出方法则是通过在程序运行的过程中动态修改文本框控件对象或者标签控件对象的 Text 属性值实现。

对于输入数据来说，如果程序中需要的是字符串数据，则可将文本框控件对象的 Text 属性值直接引用。如果程序中需要的不是字符串数据而是数值类数据，则仍然需要使用 Parse 方法将文本框控件对象的 Text 属性值转换为相应的数据使用。

对于输出数据来说，如果需要显示的数据本身就是字符串，可以直接将其赋值（或添加）给用作输出的文本框控件对象或者标签控件对象的 Text 属性。如果要显示的数据本身不是字符串而是数值类数据，最好的方法就是先用 ToString 方法将数值类数据转换为字符串，然后用与字符串数据输出的相同方法处理。

ToString 方法的调用的基本形式为：

< 数据对象名 >. ToString();

例如，下面的代码段将一个 Double 型数据转换为对应的数字字符串。

```
double   myNum = 123. 456;
string myNumString = myNum. ToString();//myNumString 的值为"123. 456"
```

【例 2-8】 创建 Windows 窗体应用程序，设计出如图 2-1 所示的窗体界面。程序运行时在两个文本框中输入数据，单击"求和"按钮将文本框中的两个数相加，并通过标签显示结果，单击"退出"按钮结束程序运行。

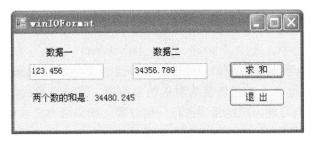

图 2-1　例 2-8 窗体界面

下面是 Windows 窗体应用程序 Form1. cs 的内容：

```csharp
using System;
using System. Collections. Generic;
using System. ComponentModel;
using System. Data;
using System. Drawing;
using System. Linq;
using System. Text;
using System. Windows. Forms;
namespace winIOFormat
{
    public partial class Form1 : Form
    {
        public Form1()
        {
            InitializeComponent();
        }
        private void btnAdd_Click(object sender, EventArgs e)
        {
            double myNum1, myNum2, mySum;
            myNum1 = double. Parse(txtNumber1. Text);//从文本框获取第一个实数
            myNum2 = double. Parse(txtNumber2. Text); //从文本框获取第二个实数
            mySum = myNum1 + myNum2;
            //用 ToString 方法将实数 mySum 转换为对应的字符串
            label3. Text = "两个数的和是：" + mySum. ToString();
        }
        private void btnExit_Click(object sender, EventArgs e)
        {
            Application. Exit();
        }
    }
}
```

在上面的程序代码中，通过"double. Parse(txtNumber1. Text)"方式调用 Parse 方法，将文本框中的数字字符串转换为对应的双精度实数，通过"mySum. ToString()"方式调用 ToString 方法将实型变量 mySum 的值转换为对应的字符串。需要注意的是，在上面的程序中并没有对程序运行时用户可能出现的错误进行任何处理，如果两个文本框中任何一个没有输入数据或者输入的不是数字字符串，程序都会出现异常。对于程序运行过程中出现的异常，集成开发环境会有相应的提示信息，初学者目前解决这类问题的方法只能是用 < Shift + F5 > 组合键或者调试菜单组中的"停止调式"命令退出程序的执行，然后按照程序正确的输入数据方式重新运行，解决这类异常问题的方法将在后续相应章节中进行介绍。

习　题

一、单项选择题

1. C# 程序中用到的数据分为两大类，分别是（　　）。
   A. 常量和变量　　　　　　　　　　　　B. 整型和实型
   C. 数值类型和字符类型　　　　　　　　C. 简单类型和复杂类型
2. C# 语言中，int 类型所占用的存储空间是（　　）字节。
   A. 1　　　　　　　B. 2　　　　　　　C. 4　　　　　　　D. 8
3. 设有整型变量 x，则执行表达式 x = 5/8 后，变量 x 的值为（　　）。
   A. 0　　　　　　　B. 1　　　　　　　C. 0.6　　　　　　D. −1
4. C# 语言中，字符数据 char 类型占有的存储空间是（　　）字节。
   A. 1　　　　　　　B. 2　　　　　　　C. 3　　　　　　　D. 4
5. 下面列出的符号中，可以做标识符的是（　　）。
   A. @ double　　　　　　　　　　　　B. $ double
   C. #double　　　　　　　　　　　　　D. ~ int
6. 下面列出的符号中，不能做标识符的是（　　）。
   A. dollar　　　　　B. int　　　　　　C. @ if　　　　　　D. _ int
7. 每一条完整的 C# 语句，都需要用（　　）结束。
   A. ｝　　　　　　　B. 回车　　　　　C. .　　　　　　　D. ;
8. 下面声明常量的语句中，正确的是（　　）。
   A. double PI = 3.14　　　　　　　　　B. const double PI = 3.14
   C. static double PI　　　　　　　　　　D. float PI = 3.14
9. 下面所列数据类型存储空间占用情况中，所占空间从小到大顺序正确的是（　　）。
   A. byte，short，long　　　　　　　　B. byte，long，short
   C. char，byte，float　　　　　　　　　D. double，float，long
10. 下面的代码段是错误的，其错误的原因是（　　）。

        float f = 3.2;
        int i = f;

    A. 定义了变量 f　　　　　　　　　　B. 定义了变量 i
    C. 变量 f 赋了初始化值　　　　　　　D. 用变量 f 的值对变量 i 进行初始化

二、程序设计题

1. 从键盘输入矩形的长和宽，然后计算矩形的面积和周长，并输出结果。
2. 从键盘输入直角三角形的两条直角边，计算斜边的长度。
3. 华氏温度转换为摄氏温度的计算公式为：$C = 5/9(F − 32)$，从键盘输入华氏温度，求其对应的摄氏温度。
4. 输入圆锥体的底半径和高，计算圆周长、底面积。
5. 从键盘输入一个大写字母，将其转换为小写字母输出。

第3章 流 程 控 制

3.1 关系运算和逻辑运算

C# 程序设计过程中，选择结构以及循环结构的设计都要涉及两个方面的问题，即控制结构中条件的表示问题和控制结构中条件的判断问题。在程序设计语言中，一般用关系运算和逻辑运算来实现对程序控制结构中条件的描述和处理。

3.1.1 关系运算

C# 语言中用关系运算符比较两个运算对象之间的某种关系是否成立，用关系运算符将两个表达式连接起来的式子称为关系表达。C# 语言提供了 6 个关系运算符，如下所示：

      <、<=、>、>=、==、! =

在这 6 个关系运算符中，"<"、"<="、">"和">="的优先级别相同，"=="和"! ="的优先级别相同且高于前面 4 种关系运算符，关系运算符都具有左结合性。整个关系运算符的优先级别高于赋值运算符但低于算术运算符。

C# 语言中使用逻辑数据类型值来表达关系运算的结果，当某种关系为"真"时，关系运算的结果用逻辑值 True 表示；当某种关系为"假"时，关系运算的结果用逻辑值 False 表示。例如：

```
5 >=5          / * 结果为 True * /
10 == 10       / * 结果为 True * /
5! =5          / * 结果为 False * /
5 >3           / * 结果为 True * /
3 >5           / * 结果为 False * /
```

【例 3-1】 关系运算符使用示例。

```
namespace ex0301
{
    class Program
    {
        static void Main( string[ ] args)
        {
            int a = 10, b = 20;
            bool c,d;
            c = a - 1  >= b + 2;
            d = a - 1  ! = b + 2;
```

```
Console. WriteLine ("布尔变量 c 的值是:{0}", c);
Console. WriteLine ("布尔变量 d 的值是:{0}", d);
Console. ReadLine ( );
        }
    }
}
```

上面程序在计算关系表达式 a－1＞＝b＋2 时，由于算术运算优先级高于关系运算，所以首先计算 a－1 的值为 9，b＋2 的值为 22，然后进行关系运算 9＞＝22，其结果是 False，该结果赋值给变量 c。在计算关系表达式 a－1！＝b＋2 时，同样首先进行算术运算，计算 a－1 值为 9，b＋2 的值为 22，然后进行关系运算 9！＝22，其结果是 True，该结果赋值给变量 d。程序运行的结果：

布尔变量 c 的值是:False

布尔变量 d 的值是:True

3.1.2 逻辑运算

C# 程序设计中，逻辑运算符的主要作用体现在对条件的组合和处理上。用逻辑运算符将关系表达式或逻辑量连接起来的式子称为逻辑表达式。C# 语言中提供了 3 个逻辑运算符，如下所示：

&&（逻辑与）、‖（逻辑或）、！（逻辑非）

逻辑运算符的优先级顺序从高到低依次为：逻辑非（！）、逻辑与（&&）、逻辑或（‖）。逻辑与（&&）和逻辑或（‖）的优先级高于赋值运算符但低于关系运算符，结合性为左结合性；逻辑非（！）是单目运算符，它的优先级高于关系运算符，结合性为右结合性。

C# 语言中使用逻辑数据类型值来表达逻辑运算的结果，逻辑运算的规则可以用"真值表"加以描述。设 a 和 b 表示两个逻辑数据对象，它们分别可以取 True 或 False 两种值，则两个逻辑对象 a 和 b 之间的逻辑运算真值表见表 3-1。

表 3-1　逻辑运算真值表

a	b	! a	a&&b	a‖b
False	False	True	False	False
False	True	True	False	True
True	False	False	False	True
True	True	False	True	True

从逻辑运算真值表可以看出，"非"运算总是取与原值相反的结果；"与"运算时，只有两个运算对象均为"True"时，其结果为"True"，否则结果均为"False"；"或"运算时，只有两个运算对象均为"False"时，其结果为"False"，否则结果为"True"。

例如，设有定义"bool a = true,b = false;"，则：

a‖b　/＊结果为 True＊/

a&&b　/＊结果为 False＊/

！a　/＊结果为 False＊/

!b   /* 结果为 True */

在 C# 程序设计中经常使用逻辑表达式来表示某个数据对象的值是否在给定范围之内或者是否在给定范围之外。一般而言，用逻辑"与"运算表示某个数据对象的值是否在给定范围之内，而用逻辑"或"运算表示某个数据对象的值是否在给定范围之外。例如，若要表示变量 x 的值在区间 [1, 100] 之内时条件为真，则可使用逻辑表达式 x >= 1 && x <= 100 来表示；若要表示变量 x 的值在区间 [1, 100] 之外时条件为真，则可使用逻辑表达式 x < 1 || x > 100 表示。

在 C# 程序中，进行逻辑表达式求值运算时不但要注意逻辑运算符本身的运算规则，而且还必须要遵循下面两条原则：

1) 对逻辑表达式从左到右扫描求解。

2) 在逻辑表达式的求解过程中，任何时候只要逻辑表达式的值已经可以确定，则求解过程不再进行。

在具体理解逻辑表达式运算规则时可以采用下面的步骤：

1) 找到表达式中优先级最低的逻辑运算符，以这些运算符为准将求解的逻辑表达式分为几个相对独立的计算部分。

2) 从最左边一个计算部分开始，按照算术运算、关系运算和逻辑运算的规则计算该部分的值。每计算完一个部分就结合该部分右边紧挨着的逻辑运算符，根据真值表进行逻辑值判断。

3) 如果已经能够判断整个逻辑表达式的值，则停止其后的所有计算。只有当整个逻辑表达式的值还不能确定的情况下才进行下一个计算部分的计算。

【例 3-2】 逻辑运算示例。

```
namespace ex0302
{
    class Program
    {
        static void Main(string[] args)
        {
            int a = 1, b = 2, c = 3, d = 4;
            bool j = true, k = true, m;
            m = (j = a > b) && (k = c > d);
            Console.WriteLine("m = {0},j = {1}, k = {2}",m,j,k);
            Console.ReadLine();
        }
    }
}
```

程序在计算表达式 (j = a > b) && (k = c > d) 时，"与"运算符 && 将逻辑表达式分成为两个部分：(j = a > b) 和 (k = c > d)，首先计算 j = a > b 得到 j = False（同时表达式 j = a > b 的值也为 Flase），结合其右边的逻辑运算符，根据真值表可以得到整个表达式 (j = a > b) && (k = c > d) 的值为 False，表达式计算结束。由于在计算时并没有计算表达式 (k = c > d)，所以逻辑变量 k 仍然保持其 True 值。程序运行的结果：

     m = False, j = False, k = True

如果将上面程序的表达式改为 (j = a > b) ‖ (k = c > d)，则程序的运行结果为：

     m = False, j = False, k = False

3.2 选择结构

选择结构也称为分支结构，在程序设计中与其相对应的应用问题可以分为 3 个方面，这 3 个方面的问题如下：

1）确定某件事情做还是不做。对某个问题的处理往往需要根据某个条件或者条件的组合情况来进行判断。如果条件满足某种要求，则处理对应的问题，否则什么都不做。

2）确定在两件相关事情中选择哪一件来做。在这类问题中，需要处理的两件事情往往是条件相关的。在这两件事情中应该做哪一件需要根据对与两件事情都相关的条件进行判断，当条件成立（为真）时做其中的某一件事情，当条件不成立（为假）时做另外一件事情。

3）确定在若干件相关事情中选择哪一件来做。与前面两个方面相比，这类问题要复杂得多。对于这类问题的处理方法一般是通过对问题进行分解使之成为前面两类问题所对应的结构，然后用前面两类问题解决方法的组合对其进行处理。当然，随着问题的分解必然伴随着对应条件的分解或组合，经过反复的分解，最终将一个复杂的多分支问题拆分成若干个二分支或单分支的问题，对每一个二分支或单分支的问题采用第一类或第二类问题的解决方法即可得到整个问题的解。

C# 语言中，为解决上述 3 类问题提供了相应的语句或者语句结构：if 语句、if – else 语句、switch 语句。通过使用这 3 种语句或语句的组合即可解决上述的 3 类与选择结构对应的应用问题。

3.2.1 if 语句与程序的单分支结构

单分支 if 语句的结构形式为：

    if(condition)

        statement ;

语句的执行过程：首先计算条件表达式 condition 的值。若表达式 condition 的值为 True（流程图中一般由 T 表示），则执行结构中的语句 statement 后执行 if 结构的后续语句；若表达式 condition 的值为 False（流程图中一般由 F 表示），则跳过语句 statement 部分直接执行 if 结构的后续语句。单分支 if 语句的执行过程如图 3-1 所示。

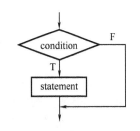

图 3-1 if 语句的执行流程

在使用 if 语句实现单分支结构时还需要注意下面两点：

1）作为条件的表达式 condition 必须是关系表达式或逻辑表达式。

2）从 C# 语言的语法来说，if 结构中的语句部分 statement 只能是一条 C# 语句，但可以是 C# 语言的任何合法语句（如复合语句、if 语句等）。

【例3-3】 创建控制台应用程序实现下面的功能：从键盘上输入一个整数，若该输入数据是奇数则将其输出。

```
namespace ex0303
{
    class Program
    {
        static void Main(string[] args)
        {
            int x;
            Console.Write("请输入一个整数:");
            x = int.Parse(Console.ReadLine());
            if(x % 2! = 0)
                Console.WriteLine("{0}是一个奇数!", x);
            Console.ReadLine();
        }
    }
}
```

上面程序在运行时，若输入数据是奇数，则 if 语句中的条件表达式值为 True，输出该输入数据是奇数的信息；若输入数据是偶数，则 if 语句中的条件表达式值为 False，程序没有任何输出信息。

C# 语言中规定，控制结构中的语句部分在语法上都只能是一条 C# 语句，如上面的 if 结构。但在程序设计中，可能涉及在某种条件下不能仅用一条简单语句描述的功能。为了满足这种在语法结构上只能有一条语句，而功能的实现又需要多条语句的要求，在 C# 语言中提供了被称为复合语句的语句块以满足这种要求。

在 C# 语言中，复合语句是用一对大括号"{}"将若干条 C# 语句括起来形成的语句序列。复合语句在语法上作为一条语句考虑。复合语句的基本形式如下所示：

```
{   statement₁;
        …
    statementᵢ;
        …
    statementₙ;
}
```

注意：复合语句右括号"}"后不需要用分号";"结尾。如果在程序中有如下形式的语句格式出现，则应认为是复合语句后面跟了一个空语句：

{ 语句序列;}; /＊ 最后的分号是空语句 ＊/

在 C# 语言的分支结构程序设计中，当需要执行一种一条语句不能完成的较为复杂的功能时，可以在 if 结构的语句部分使用复合语句，该方法同样适用于 C# 语言的所有控制结构。

【例3-4】 创建 Windows 窗体应用程序。首先设计如图 3-2 所示的窗体界面，然后程序运行时在 3 个文本框中分别输入三角形的三条边长，单击"计算"按钮求出三角形的面积，并通过标签显示结果；单击"退出"按钮结束程序运行。

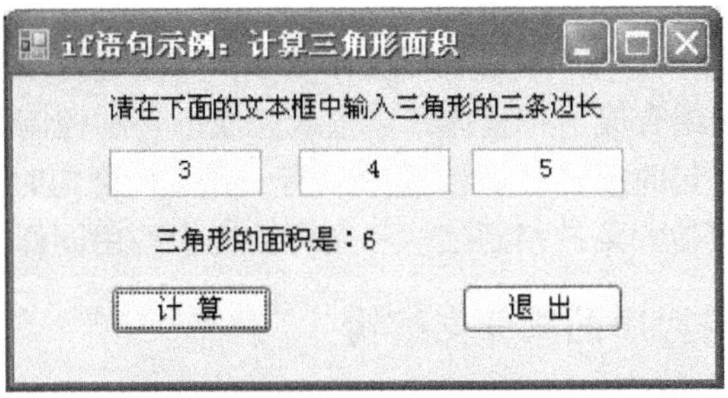

图 3-2　例 3-4 窗体界面

"退出"按钮单击事件的响应过程代码如下：

```
private void btnExit_Click(object sender, EventArgs e)
{
    Application. Exit();
}
```

"计算"按钮单击事件的响应过程代码如下：

```
private void btnComput_Click(object sender, EventArgs e)
{
    double a, b, c, s, area;
    if(txtNum1. Text == "" || txtNum2. Text == "" || txtNum3. Text == "")
    {
        MessageBox. Show("请在下面的文本框中输入三角形的三条边长!",
                        "数据输入错误");
        return;
    }
    a = double. Parse(txtNum1. Text);
    b = double. Parse(txtNum2. Text);
    c = double. Parse(txtNum3. Text);
    if(a + b > c && a + c > b && b + c > a)        //满足三角形条件时求其面积
    {
        s = (a + b + c) / 2;
        area = Math. Sqrt(s * (s - a) * (s - b) * (s - c));
        lblResult . Text += area. ToString ();
    }
}
```

在上面的程序代码中，加入了一些简单的错误处理代码：当用户没有输入三角形 3 条边长数据时（即 3 个文本框中任何一个没有输入数据时），使用消息框 MessageBox 显示错误信息，关闭消息框后才能继续执行程序。如果输入的 3 条边长满足构成三角形的条件，即逻辑表达式 a + b > c&&a + c > b&&b + c > a 的值为 True 时，执行下面复合语句中的所有语句，计算并显示三角形的面积;当输入的 3 条边长不能构成三角形时,程序将不会进行三角形相关计算。

特别提示:在 Visual Studio 2010 集成开发环境中,为了避免用户忘记在控制结构下面使用复合语句将需要的语句组合成一个整体,当输入完成语句的控制部分时,系统会自动在下面使用大括号构成复合语句的形式(即使其中只有一条 C# 语句时也按这种方式处理)。除了单分支 if 语句外,在其他的条件控制结构和循环结构中均用同样的方式处理。

3.2.2 if – else 语句与程序的双分支结构

双分支 if 语句的结构形式为:

```
if( condition)
    statement1;
else
    statement2;
```

语句的执行过程:首先计算条件表达式 condition 的值,若表达式 condition 的值为 True,则执行结构中的语句 statement1 后执行 if 结构的后续语句;若表达式 condition 的值为 False,则执行结构中的语句 statement2 后 if 结构的后续语句。双分支 if 语句的执行流程如图 3-3 所示。

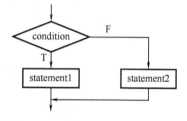

图 3-3 双分支 if 语句的执行流程

在使用 if 语句实现双分支结构时还需要注意下面两点:

1) 作为条件的表达式 condition 必须是关系表达式或逻辑表达式。

2) 从 C# 语言的语法来说,if 结构中的语句部分 statement1 或 statement2 只能是一条 C# 语句,但可以是 C# 语言的任何合法语句(如复合语句、if 语句等)。

【例 3-5】 重新设计例 3-4 中的程序,要求当输入的 3 条边长不能构成三角形时,使用消息框显示提示信息。

"计算"按钮单击事件的响应过程代码如下:

```
private void btnComput_Click( object sender, EventArgs e)
{
    double a, b, c, s, area;
    if ( txtNum1. Text == "" ‖ txtNum2. Text == "" ‖ txtNum3. Text == "")
    {
        MessageBox. Show("请在文本框中输入三角形的三条边长!",
                    "数据输入错误");
        return;
    }
    a = double. Parse( txtNum1. Text);
    b = double. Parse( txtNum2. Text);
    c = double. Parse( txtNum3. Text);
    if ( a + b > c && a + c > b && b + c > a)      //满足三角形条件时求其面积
```

```
        {
            s = ( a + b + c ) ╱ 2;
            area = Math. Sqrt( s  *  ( s - a )  *  ( s - b )  *  ( s - c ) ) ;
            lblResult. Text + = area. ToString( ) ;
        }
    else
        MessageBox. Show( "输入的三条边长不能构成三角形!",
                          "数据输入错误" ) ;
}
```

程序的运行界面及"退出"按钮的单击事件响应过程与例 3-4 完全相同,不同之处在于,当输入的数据不能构成一个三角形时,程序通过消息框提示出错信息:"输入的三条边长不能构成三角形!"

3. 2. 3　条件运算符与条件表达式

C# 语言中,若 if – else 语句结构中的语句部分满足下列两个条件:

1) 无论表示条件的表达式取何值(真或假),语句部分都是一条简单的赋值语句。

2) 两条赋值语句都是为同一个变量赋值。

则可以使用 C# 语言中提供的条件运算符代替这种 if – else 结构。条件运算符是 C# 语言中唯一的一个三元运算符。使用条件运算符构成的表达式称为条件表达式,其一般形式如下:

```
        condition ? statement1 : statement2
```

条件表达式的执行过程:首先计算表达式 condition 的值,若 condition 的值为 True,则计算表达式 statement1 的值作为整个条件表达式的值;若 condition 的值为 False,则计算表达式 statement2 的值作为整个条件表达式的值。

条件运算符的优先级别高于赋值运算符但低于关系运算符和算术运算符。条件运算符的结合方向为右结合性,如条件表达式 a > b? a:c > d? c:d,其计算过程与 a > b? a:(c > d? c:d) 的计算过程相同。

使用条件运算符构成的条件表达式,可以在 C# 程序设计中使得许多 if – else 结构用更加简洁的形式表示,运算更加快捷。例如,有相同数据类型的变量 x、y、max 和如下 if – else 结构:

```
        if( x  <  y)
            max = y;
        else
            max = x;
```

则使用条件运算符构成条件表达式可以将该 if – else 结构表示为:

```
        max = ( x  <  y) ? y : x;
```

【例 3-6】　创建控制台应用程序实现下面的功能:从键盘上输入两个实数 a 和 b,计算 a 与 b 的绝对值之和,并用 3 位小数形式输出。

```
        namespace ex0306
        {
```

```
class Program
{
    static void Main(string[] args)
    {
        double a, b, sum;
        Console.Write("请输入变量 a 的值:");
        a = double.Parse(Console.ReadLine());
        Console.Write("请输入变量 b 的值:");
        b = double.Parse(Console.ReadLine());
        sum = b > 0.0 ? a + b : a - b;
        Console.WriteLine("a + |b| = {0,10:f3}", sum);
        Console.ReadLine();
    }
}
```

上面程序在执行语句 "sum = b > 0.0? a + b : a − b;" 时,若关系表达式 b > 0.0 的值为 True,将 a + b 的值赋给变量 sum,若关系表达式 b > 0.0 的值为 False,则将 a − b 的值赋给变量 sum,从而实现计算 a + | b | 的功能。程序的一次执行过程和结果如下。

请输入变量 a 的值:103.3523
请输入变量 b 的值: − 234.3438
a + |b| = 337.696

3.2.4 if 语句的嵌套与程序的多分支结构

如前所述,在 if 语句或 if − else 语句结构中,其中的语句部分可以是任意合法的 C# 语句。如果 if 结构或者 else 结构的语句部分又是另外一个 if 结构,则称为 if 语句的嵌套。例如,在一个二分支 if 语句的两个语句部分分别嵌入了一个二分支 if 语句的形式为:

```
if(condition1)
    if(condition2)
        statement1;
    else
        statement2;
else
    if(condition3)
        statement3;
    else
        statement4;
```

类似地可以写出 if 的多重嵌套结构。在 C# 程序设计中,if 语句的嵌套结构可以用于解决在若干种相关情况中选择一种进行处理的问题。

在实际的应用程序设计中,也可能出现上述形式的各种变种。例如,if 和 else 的语句部分中只有一个是 if 结构、嵌套和被嵌套的 if 结构中一个或者两个都是不平衡的 if 结构（即没有 else 部分的结构）等。特别地，当被嵌套的 if 结构均被嵌套在 else 的语句部分时，形成了一种被称为 else – if 的多分支选择结构，这是 if – else 多重嵌套的变形，其最常见的构成形式为：

```
if( condition₁ )
    statement₁ ;
else if( condition₂ )
    statement₂ ;
else if( condition₃ )
    statement₃ ;
        …
else if( conditionN )
    statementN ;
else
    statementN + 1 ;
```

需要注意的是，在这种特殊的 else – if 结构中，条件是相互排斥的。执行该结构时控制流程从 $condition_1$ 开始判断，一旦某个条件表达式的值为 True 时，就执行与之匹配的语句，然后退出整个选择结构；如果所有条件表达式值均为 False，则在执行语句 $statement_{N+1}$ 后退出整个选择结构；如果当所有的条件均为 False 时不需要进行任何操作，则最后的一个 else 和语句 $statement_{N+1}$ 可以省略。嵌套的 else – if 结构执行流程如图 3-4 所示。

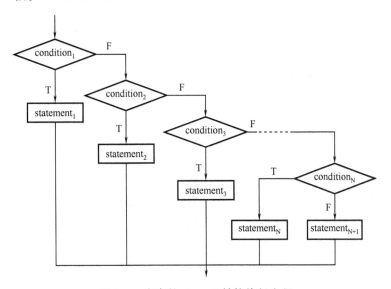

图 3-4 嵌套的 else – if 结构执行流程

【例 3-7】 编程实现以下功能：将从键盘输入的学生百分制成绩用 5 级计分制表示。

```
namespace ex0307
{
    class Program
```

```
    {
        static void Main( string[ ] args)
        {
            double score;
            char grade;
            Console. Write( "请输入一个百分制成绩:");
            score = double. Parse( Console. ReadLine( ) );
            if ( score  <  0  ||  score  >  100)
                Console. WriteLine( "输入的成绩数据错误!");
            else
            {
                if ( score  >= 90)
                    grade = 'A';
                else if ( score  >= 80)
                    grade = 'B';
                else if ( score  >= 70)
                    grade = 'C';
                else if ( score  >= 60)
                    grade = 'D';
                else
                    grade = 'E';
                Console. WriteLine( "百分制成绩{0}转换为 {1} 级。", score, grade);
            }
            Console. ReadLine( );
        }
    }
}
```

在包含了 if 语句嵌套结构的程序中，else 子句与 if 的配对原则是非常重要的，按不同的方法配对则得到不同的程序结构。C# 语言中规定：程序中的 else 子句与在它前面距它最近的且尚未匹配的 if 配对。无论将程序书写为何种形式，系统总是按照上面的规定来解释程序的结构。为了理解程序中 else 与 if 配对的原则，将例 3-7 中的程序段加上行号后如下所示：

```
1    if( score >= 90)
2        grade = 'A';
3    else if( score >= 80)
4        grade = 'B';
5    else if( score >= 70)
6        grade = 'C';
7    else if( score >= 60)
8        grade = 'D';
```

9   else

10   grade = 'E';

根据 C# 语言中的配对原则,第9行的 else 与第7行的 if 配对,第7行中的 else 与第5行的 if 配对,第5行的 else 与第3行的 if 配对,第3行的 else 与第1行的 if 配对。

3.2.5 switch 语句与程序的多分支结构

在 C# 程序设计过程中,可以使用嵌套的 if 结构来处理多分支选择的问题,但如果所面临的问题分支较多,则 if 结构的嵌套层次增多,使得源程序冗长而且清晰性差、可读性低。C# 语言中可以使用 switch 语句结构实现对多分支选择结构情况的直接处理。switch 语句结构的一般形式如下:

```
switch( expression )
{   case constand₁:      statements₁;
                         break;
    case constand₂:      statements₂;
                         break;
            …
    case constandₙ:      statementsₙ;
                         break;
    default:             statements_{N+1}
}
```

在 C# 语言中使用 switch 语句结构时要注意以下几点:

1)作为条件的表达式 expression 值必须是有序型的,即不能是实型类的数据。

2)语句段 statements 可以是单条语句,也可以是多条语句,但这多条语句并不是复合语句,不需要使用大括号"{}"。

3)语句段 statements 中的语句可以是任意合法的 C# 语句。

4)结构中的常数值应与表示条件的表达式值对应一致,且各常数的值不能相同。

5)每个 case 后的执行部分必须以 break 语句作为结束。

6)default 可选项可根据需要确定是否选用。

switch 语句结构的执行流程:首先对作为条件的表达式(expression)求值,然后在语句结构的大括号内从上至下地查找所有的 case 分支,当找到与条件表达式值相匹配的 case 时,就执行其后的语句组。switch 语句结构执行流程如图 3-5 所示。

【例3-8】 使用 switch 语句结构重写例3-7 中的程序。

```
namespace ex0308
{
    class Program
```

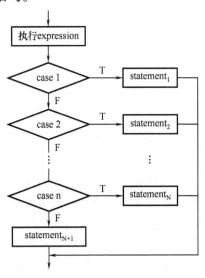

图 3-5 switch 语句结构执行流程

```
    {
        static void Main(string[ ] args)
        {
            double score;
            char grade;
            Console.Write("请输入一个百分制成绩:");
            score = double.Parse(Console.ReadLine());
            if (score < 0 || score > 100)
                Console.WriteLine("输入的成绩数据错误!");
            else
            {
                switch((int)(score/10))
                {
                    case 9: grade = 'A';
                            break;
                    case 8: grade = 'B';
                            break;
                    case 7: grade = 'C';
                            break;
                    case 6: grade = 'D';
                            break;
                    default: grade = 'E';
                            break;
                }
                Console.WriteLine("百分制成绩{0}转换为{1}级。", score, grade);
            }
            Console.ReadLine();
        }
    }
}
```

3.3　循环结构

在用程序设计解决实际问题的过程中，经常会遇到许多具有规律性的重复计算处理问题，处理此类问题的时候需要将程序中的某一些语句或者语句组反复地执行多次。循环结构由循环控制和循环体两部分构成。一组被重复多次执行的语句或者语句组称为循环体。用以判断循环是否进行所依据的条件称为循环控制条件。在程序设计过程中，正确、合理、巧妙灵活地构造循环结构可以避免重复而不必要的操作处理，从而简化程序并提高程序的执行效率。C# 语言中提供了 3 种实现程序循环结构，分别为 while 型循环结构、do – while 型循环结构和 for 型循环结构。

3.3.1 while 型循环结构

while 型循环结构又称为当型循环结构。while 型循环结构的一般形式为：

> while(condition)
>> statement;

while 型循环结构的执行过程：首先计算条件表达式 condition 的值，若条件表达式的值为 True，则执行一次循环体 statement，然后再一次计算条件表达式 condition 的值，若计算结果仍为 True，则再一次执行循环体。重复上述过程，直到某次计算条件表达式 condition 的值为 False 时，退出循环结构，控制流程转到该循环结构之后的语句继续执行。while 型循环结构的执行流程如图 3-6 所示。

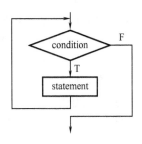

图 3-6 while 型循环结构执行流程

在使用 while 型循环结构时需要注意以下几点：

1）由于整个结构的执行过程是先判断控制条件、后执行循环体，因而循环体有可能一次都不执行。

2）在循环结构的控制部分中，如果表示条件的表达式是逻辑常量 true，则构成了死循环。例如：

> while(true)
>> statement;

C# 程序设计中，如果不是有意造成死循环，则在 while 型循环结构的循环体内必须有能够改变循环控制条件的语句存在。

3）循环结构的循环体可以是任意合法的 C# 语句（包括一条语句、一条复合语句、空语句等）。

【例 3-9】 使用 while 型循环结构求整数 1~100 的和。

```csharp
namespace ex0309
{
    class Program
    {
        static void Main(string[] args)
        {
            int i = 1, sum = 0;
            while (i <= 100)
            {
                sum += i;
                i++;
            }
            Console.WriteLine("1+2+3+…+100 的和是：{0}", sum);
            Console.ReadLine();
        }
```

```
    }
}
```

在上面的程序中，循环控制变量 i 从初始值 1 开始，在循环结构的执行过程中通过循环体中的表达式语句"i++;"修改循环控制变量，使其逐渐趋近于 100。由于循环结构中的循环体是由两条 C# 语句组成的，所以需要使用复合语句的形式。当然，也可以通过语句的组合使得循环体由一条 C#语句构成，这样就不需要使用复合语句形式。上面程序中的循环结构可以改写为如下形式：

```
while( i <= 100 )
    sum += i ++ ;
```

在上面的程序中，还需要注意变量 sum 的初始值问题。由于变量 sum 用于存放和数，所以其初始值必须从某一固定值开始。一般意义下，用于存放和数、计数等的变量初始值均应为 0 值。本例中变量 sum 的初始值为 0。

3.3.2 do – while 型循环结构

do – while 型循环结构是 C# 语言中提供的直到型循环结构。do – while 型循环结构的一般形式为：

```
do
{
    statement ;
} while( condition ) ;
```

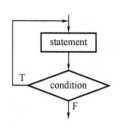

do – while 型循环结构的执行过程：首先执行一次循环体 statement，然后计算条件表达式 condition 的值，若表达式 condition 的值为 True，则执行一次循环体 statement，执行完循环体后再一次计算条件表达式 condition 的值，若计算结果仍为 True，再一次执行循环体。重复上述过程，直到某次计算条件表达式 condition 的值为 False，退出循环结构，控制流程转到该循环结构之后的语句继续执行。do – while 型循环结构的执行流程如图 3-7 所示。

图 3-7 do – while 型循环结构执行流程

在使用 do – while 型循环结构时需要注意以下几点：

1) 由于整个结构的执行过程是先执行循环体、后判断控制条件，所以循环结构中的循环体至少被执行一次。

2) 在循环结构的控制部分中，如果条件表达式是一个逻辑常量 true，则构成了死循环。例如：

```
do
{
    statement ;
} while( true ) ;
```

C# 程序设计中，如果不是有意造成死循环，那么在 do – while 型循环结构的循环体内必须有能改变循环控制条件的语句存在。

3) 循环结构的循环体可以是任意合法的 C# 语句（包括一条语句、一条复合语句、空语句等）。

【例3-10】 使用 do – while 型循环结构求整数 1~100 的和。

```
namespace ex0310
{
    class Program
    {
        static void Main( string[ ] args)
        {
            int i = 1, sum = 0;
            do
            {
                sum += i;
                i ++;
            } while ( i <= 100) ;
            Console. WriteLine( "1 + 2 + 3 + … + 100 的和是：{0}", sum) ;
            Console. ReadLine( ) ;
        }
    }
}
```

上面程序的执行过程类似于例3-9，读者可参照例3-9的程序运行过程自行理解。

3.3.3 for 型循环结构

for 语句构成的循环是 C# 语言中提供的使用最为灵活、适应范围最广的循环结构，它不仅可以用于循环次数已确定的情况，而且也可以用于循环次数不确定但能给出循环结束条件的循环。for 型循环结构的一般形式为：

    for(initialize; condition; iterator)
        statement;

其中，括号内的 3 个表达式称为循环控制表达式，initialize 的作用是为循环控制变量赋初值或者为循环体中的其他数据对象赋初值，如果在该部分定义有变量，该变量只能在这个循环结构中使用；condition 是条件表达式，用于控制循环的执行；iterator 的主要作用是对循环控制变量进行修改。3 个表达式之间用分号分隔。

for 型循环结构的执行过程：首先计算表达式 initialize 的值对循环控制变量进行初始化，如果有需要也同时对循环体中的其他数据对象进行初始化操作，然后计算表达式 condition 的值，当 condition 的值为 True 时则执行循环体 statement 一次，执行完循环体后，计算表达式 iterator 的值以修改循环控制变量，然后再次计算表达式 condition 的值以确定是否再次执行循环体，反复执行上述过程直到 condition 的值为 False 时为止。for 型循环结构的执行流程如图 3-8 所示。在使用 for 型循环结构时需要注意以下几点：

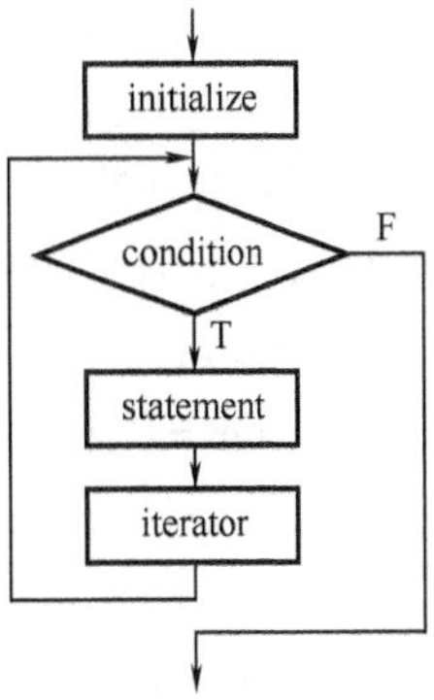

1) 由于整个结构的执行过程是先判断控制条件、后执行循

图 3-8 for 型循环结构执行流程

环体，因而循环体有可能一次都不执行。

2）C# 语言的 for 型循环结构不仅可以在其控制部分的 iterator 中修改循环控制变量的值，而且还允许在循环体中存在能改变循环控制条件的语句，使用时需特别注意。

3）循环结构的循环体可以是任意合法的 C# 语句（包括一条语句、一条复合语句、空语句等）。

4）根据程序功能的需要，循环控制部分的 initialize 和 iterator 部分可以是由逗号分开的若干个表达式。

5）根据程序功能的需要，循环控制部分的 3 个表达式中可以省略一个、两个，甚至三个，但作为分隔符使用的分号不能省略。

【例 3-11】 使用 for 型循环结构求整数 1 ~ 100 的和。

```
namespace ex0311
{
    class Program
    {
        static void Main(string[ ] args)
        {
            int i, sum;
            for(i = 1, sum = 0; i <= 100; i ++)
                sum += i;
            Console.WriteLine("1 + 2 + 3 + ··· + 100 的和是：{0}", sum);
            Console.ReadLine();
        }
    }
}
```

在 C# 语言的 for 型循环结构中，可以按照需要省略其控制部分中的部分或全部表达式。下面介绍常见的几种省略形式：

（1）省略 for 控制结构中的表达式 initialize

for 控制结构中的表达式 initialize 省略后形成了如下所示的 for 型循环结构：

```
for( ; condition; iterator)
    statement;
```

由于在此形式中省略了用于 for 型循环结构初始化的部分，因此程序中的 for 型循环结构之前必须要有实现 for 型循环结构初始化部分功能的语句存在，如例 3-11 中的循环控制部分可以改为如下所示的程序段：

```
i = 1;
sum = 0;
for( ; i <= 100; i ++)
    sum += i;
```

（2）省略 for 控制结构中的表达式 condition

for 控制结构中的表达式 condition 省略后形成了如下所示的 for 型循环结构：

```
for( initialize; ; iterator)
    statement;
```

由于在 for 型循环结构中控制部分的表达式 condition 用于控制循环的执行，省略后使得控制条件永远为 True，从而构成了死循环。同样，只要表达式 condition 是一个逻辑常量 true 就构成了死循环。例如，下面代码段描述的是一个死循环结构：

```
for( initialize;true ; iterator)
    statement;
```

（3）省略 for 控制结构中的表达式 iterator

for 控制结构中的表达式 iterator 省略后形成了如下所示的 for 型循环结构：

```
for( initialize; condition ; )
    statement;
```

由于在 for 型循环结构中控制部分的表达式 iterator 用于实现对循环控制条件的修改，在循环的控制部分省略表达式 iterator 后，必须在循环体中实现对循环控制变量的修改功能，否则控制条件 condition 将永远为 True，从而构成了死循环。如例 3-11 中的循环控制部分可以改为如下所示的程序段：

```
for( i = 1 , sum = 0 ; i <= 100 ; )
{
    sum += i;
    i ++ ;    / * 修改循环控制变量 i 的值 * /
}
```

（4）省略 for 控制结构中的所有表达式

for 控制结构中的所有表达式省略后形成如下所示的 for 型循环结构：

```
for( ; ; )
    statement;
```

由于省略了 for 型循环结构中控制部分的所有表达式，其中也包括用于控制循环执行条件的表达式 condition，所以构成了典型的 for 语句表示的死循环结构。

C# 语言中为了满足程序设计的需要提供了空语句。所谓空语句就是只由一个分号构成的 C# 语句，在程序的执行过程中空语句表示不进行任何实际的操作。在 C# 程序设计中，程序的某个位置从语法要求上应该有一条 C# 语句存在，但语义上（即程序的逻辑功能上）又不需要进行任何操作时，就可以使用空语句来占据这个语句位置以同时满足语法和语义上的需求。

【例 3-12】 编写求阶乘的程序，要求循环体用空语句实现。

```
namespace ex0312
{
    class Program
    {
        static void Main( string[ ] args)
        {
            long n, t, factorial;
            Console. Write( "Input the n：" );
```

```
            n = long. Parse( Console. ReadLine( ) ) ;
            t = n ;
            for ( factorial = 1 ; n  >= 1 ; factorial  *= n,n -- )
                ;      / * 空语句,用于构成循环体 * /
            Console. WriteLine( " {0} 的阶乘值是: {1} 。",t,factorial) ;
            Console. ReadLine( ) ;
        }
    }
}
```

在上面程序中,由于累积相乘的操作和控制变量修改的操作均在 for 循环控制部分完成,所以循环体中没有任何事情可做,但从 C# 语言的语法上要求循环控制结构下必须有一条 C# 语句,所以在程序中使用空语句占据该语句位置以满足要求。

3.3.4 循环的嵌套

在一个循环结构的循环体内又包含另外一个完整的循环结构,称为循环的嵌套。C# 程序中循环的嵌套层数可以是多层,称为多重循环。在 C# 程序中,3 种循环控制语句 (do -while、while、for) 可以互相嵌套,而且要求在使用循环嵌套结构时,被嵌套的一定是一个完整的循环结构。

【例 3-13】 创建控制台应用程序,输出如下所示的九九乘法表。

```
    *   1   2   3   4   5   6   7   8   9
    1   1
    2   2   4
    3   3   6   9
    4   4   8   12  16
    5   5   10  15  20  25
    6   6   12  18  24  30  36
    7   7   14  21  28  35  42  49
    8   8   16  24  32  40  48  56  64
    9   9   18  27  36  45  54  63  72  81
```

```
namespace ex0313
{
    class Program
    {
        static void Main( string[ ] args)
        {
            int i,j;
            Console . Write ( " {0,4:d} ",' * ') ;
            for(i = 1 ;i <= 9 ;i ++ )                        //输出首行表头
                Console. Write ( " {0,4:d} ",i) ;
```

```
        Console. WriteLine ( );
        for ( i = 1; i <= 9; i ++ )                    //九九乘法表的行循环
        {
            Console. Write ( "｛0,4:d｝",i);            //输出各行的行首字符(行号)
            for ( j = 1; j <= i; j ++ )                 //九九乘法表的列循环求值
                Console. Write ( "｛0,4:d｝",i * j);
            Console. WriteLine ( );
        }
        Console. ReadLine ( );
    }
  }
}
```

上面程序中，使用一个单层循环结构单独处理九九乘法表的表头部分。对于九九乘法表的表体部分，使用双重循环结构实现，外层用于控制九九乘法表的行数，而内层的循环则用于输出九九乘法表中的行号和每一个值。

3.4 C# 的其他简单控制结构

在 C# 语言的实际应用程序设计过程中，对于循环结构程序可能会提出如下要求：一是需要根据实际情况，在控制条件的控制范围之内再增加一些出口，即需要的时候可以直接退出循环结构而不受循环控制条件的限制；二是根据程序的需要，放弃对循环体的完整执行而提前转入下一次循环过程。在 C# 语言中，使用控制语句 break 和 continue 来实现上述要求。

3.4.1 break 语句

break 语句是一条限定转移语句，只能在 switch 语句结构和循环结构中使用，其一般形式为：

```
break;
```

break 语句的功能是将程序的控制流程转出直接包含该 break 语句的循环结构或 switch 语句结构。由于 break 语句的功能是中断包含它的循环结构或 switch 结构的执行，所以 C# 程序中的 break 语句不能单独使用，总是出现在 if 结构的语句部分，构成如下形式的语句结构形式：

```
if( condition )
    break;
```

【例 3-14】 创建控制台应用程序实现功能：从键盘输入两个正整数，即 $a(a>2)$ 和 b，求 a 与 b 之间的全部素数。

所谓素数，就是除了 1 和它自己之外不能被任何一个整数整除的数。判定数 n 是否为素数时，可以用 $2 \sim \sqrt{n}$ 之间的所有整数去除 n，若其中任意一次能够除尽，则说明 n 不是素数。

```
namespace ex0314
{
```

```
class Program
{
    static void Main(string[] args)
    {
        int a, b, num, i, k;
        Console.WriteLine("请输入两个正整数 a 和 b：");
        a = int.Parse(Console.ReadLine());
        b = int.Parse(Console.ReadLine());
        for (num = a; num <= b; num++)
        {
            k = (int)Math.Sqrt(num);
            for (i = 2; i <= k; i++)
                if(num % i == 0)      //遇到第 1 个能够整除的数即退出循环
                    break;
            if (i > k)
                Console.Write("{0,5:d}", num);
        }
        Console.ReadLine();
    }
}
```

在程序中依次对每一个数据进行判断，第一次遇到条件 num%i==0 满足时则使用 break 语句退出循环。这样在对每一个数据进行是否为素数判断的循环结构中就有两个出口：一个是当条件 i<=k 不成立时退出，此时表示数据 num 是素数；另一个是当条件 num%i==0 成立时退出，此时表示数据 num 不是素数。由于循环结构具有两个（包括以上）的出口，所以退出循环结构后必须使用分支结构对其退出情况进行判断。本例中通过考察循环控制变量 i 的值，即可判断出数据 num 是否为素数。

3.4.2 continue 语句

continue 语句是一条限定转移语句，只能在循环结构的循环体中使用，其一般使用形式为：

    continue;

continue 语句的功能是提前结束本次循环体的执行过程而直接进入下一次循环。由于 continue 语句的功能是中断本次循环体的执行，所以与 break 语句类似，C# 程序中的 continue 语句总是出现在 if 结构的语句部分，构成如下形式的语句结构形式：

    if(condition)
        continue;

可以从下列两个方面比较 break 语句和 continue 语句：

1）使用范围不同。break 语句可以使用在循环结构和 switch 结构中，而 continue 语句只能使用在循环结构中。

2）功能类似。break 语句和 continue 语句都具有中断程序执行流程的功能，只不过 break 语句中断的是直接包含它的循环结构或 switch 结构，而 continue 语句则是中断本次循环体的执行。

【例 3-15】 创建控制台应用程序实现功能：检测从键盘上输入的以换行符结束的字符流，统计非字母字符的个数。

```
namespace ex0315
{
    class Program
    {
        static void Main(string[] args)
        {
            char c;
            int counter = 0;
            Console.Write("Input a string：");
            while ((c = (char)Console.Read()) != '\n')
            {
                if(c >= 'A'&&c <= 'Z' || c >= 'a'&&c <= 'z')        //c 的内容是字母时
                    continue;
                counter ++;
            }
            Console.WriteLine("Counter = {0}", counter);
            Console.ReadLine();
        }
    }
}
```

上面的程序通过循环依次检查每一个输入的字符，当字符不是换行符而是字母时通过执行 continue 语句提前结束本轮循环（即不执行循环体中的"counter ++;"语句）；当字符不是换行符并且不是字母时，条件 c >= 'A'&&c <= 'Z' || c >= 'a'&&c <= 'z'不成立，不会执行 continue 语句，从而程序执行计数器增加 1 的操作"counter ++;"；当遇到换行字符时循环结束并输出变量 counter 的值。

3.5　C# 控制结构的简单应用

使用上述的基本控制结构可以构成复杂的程序，解决常见的程序设计问题。下面通过几个程序设计中典型问题的解决过程介绍程序设计的基本方法。

3.5.1　穷举思想及其程序实现

有许多问题的解"隐藏"在多个可能之中。穷举就是对多种可能的情形一一测试，从众多的可能中找出符合条件的（一个或一组）解，或者得出无解的结论。在一个集合内对集合中的每一个元素进行一一测试的方法称为穷举法。穷举本质上就是在某个特定范围中的查找，是一种典型的重复型算法，其重复操作（循环体）的核心是对问题的一种可能状态的测试。穷举方法的实现主要依赖于以下两个基本要点：

1）搜寻可能值的范围如何确定。

2）被搜寻可能值的判定方法。

对于被搜索的可能值，一般都是问题中所要查找的对象或者是要查找对象应该满足的条件，因而在问题中都会有清晰的描述。但对于搜寻范围，有些问题是比较确定的，而另外一些问题则可能是不确定的。

【例3-16】 创建控制台应用程序实现功能：找出所有的"水仙花数"。"水仙花数"是一个3位数，其各位上数字的立方之和等于这个数本身。例如，$153 = 1^3 + 5^3 + 3^3$，因此153是"水仙花数"。

```
namespace ex0316
{
    class Program
    {
        static void Main(string[ ] args)
        {
            int num, a, b, c;
            for (num = 100; num  <= 999; num ++)
            {
                a = num / 100;
                b = num / 10 % 10;
                c = num % 10;
                if (num == a * a * a + b * b * b + c * c * c)
                    Console . WriteLine("水仙花数:{0,6:d}",num);
            }
            Console. ReadLine( );
        }
    }
}
```

上面程序执行过程中，依次取出100～999的所有三位数，分离出每个三位数的3位数字，然后判断该数是否为所求的水仙花数。

【例3-17】 创建控制台应用程序求解爱因斯坦阶梯问题。爱因斯坦阶梯问题：设有一阶梯，每步跨2阶，最后余1阶；每步跨3阶，最后余2阶；每步跨5阶，最后余4阶；每步跨6阶，最后余5阶；只有当每步跨7阶时，正好到阶梯顶。问共有多少阶阶梯？

设用变量ladder表示阶梯数，依题意可以得出：该问题中搜寻的是满足条件的最小阶梯数，虽然搜寻的范围不能用某种形式表示出来，但可以确定其应在找到第一个满足条件的阶梯数时停止搜寻；判断条件为 ladder%2 == 1、ladder%3 == 2、ladder%5 == 4、ladder%6 == 5

和 ladder%7 ==0 同时成立。考虑下面两点问题。

1）在问题中有条件：每步跨7阶时，正好到阶梯顶。这说明阶梯数应该是7的倍数，因此 ladder 的初值可以从7开始，每次递增7使得阶梯数始终保持是7的倍数，同时在循环控制条件中去掉相应条件 ladder%7!=0。

2）在问题中有条件：每步跨2阶，最后余1阶。这说明阶梯数应该是奇数，因此 ladder 的初值可以从7开始，每次递增14使得阶梯数始终保持是7的倍数并且同时是一个奇数，同时在循环控制条件中再去掉相应条件 ladder%2!=1。

```
namespace ex0317
{
    class Program
    {
        static void Main(string[] args)
        {
            int ladder = 7;
            while (ladder % 3 != 2 || ladder % 5 != 4 || ladder % 6 != 5)
                ladder += 14;
            Console.WriteLine("阶梯数为:{0}", ladder);
            Console.ReadLine();
        }
    }
}
```

3.5.2 迭代方法及其程序实现

1. 递推思想及其程序实现

递推就是一个不断地由变量的旧值按照一定的规律推出变量新值的过程，递推在程序设计中通过迭代方式实现，其实现方式一般与3个因素有关，分别是初始值、迭代公式和迭代结束条件（迭代次数）。

【例3-18】 创建控制台应用程序求解裴波那契（Fibonacci）数列问题。裴波那契数列的前两个数据项都是1，从第3个数据项开始，其后的每一个数据项都是其前面的两个数据项之和。

设用 f1、f2 和 f3 表示相邻的3个裴波那契数据项，据题意有 f1、f2 的初始值为1，即迭代的初始条件为：f1 = f2 = 1；迭代的公式为：f3 = f1 + f2。由初始条件和迭代公式只能描述前3项之间的关系，为了反复使用迭代公式，可以在每一个数据项求出后将 f1、f2 和 f3 顺次向后移动一个数据项，即将 f2 的值赋给 f1，f3 的值赋给 f2，从而构成如下的迭代语句序列：f3 = f1 + f2;、f1 = f2;、f2 = f3;，反复使用该语句序列就能够求出所要求的裴波那契数列。

```
namespace ex0318
{
    class Program
```

```
    {
        static void Main(string[] args)
        {
            long i, f1, f2, f3, n;
            Console.Write("Input the n: ");
            n = int.Parse(Console.ReadLine());
            f1 = f2 = 1;
            Console.Write("{0,5:d}{1,5:d}", f1, f2);
            for (i = 3; i <= n; i++)
            {
                f3 = f1 + f2;
                Console.Write("{0,5:d}", f3);
                f1 = f2;
                f2 = f3;
            }
            Console.ReadLine();
        }
    }
}
```

2. 高阶方程的二分迭代法

用迭代方法求一元高阶方程 $f(x) = 0$ 的解，就是要把方程 $f(x) = 0$ 改写为一种迭代形式：$x = \phi(x)$；选择适当的初值 x0，通过重复迭代构造出一个序列：x0，x1，x2，x3，…，xn，…；若函数在求解区间内连续，且这个数列收敛，即存在极限，那么该极限值就是方程 $f(x) = 0$ 的一个解。在构成求解序列时，不可能重复无限次，重复的次数应由指定的精确度（或误差）决定。当误差小于给定值时，便认为所得到的解足够精确了，则迭代过程结束。

用迭代方法求高阶方程根常用的方法有 3 种，分别是牛顿迭代法、二分迭代法和割线法。下面仅介绍一元高阶方程的二分迭代求解方法。

设有一元高阶方程表示为：$f(x) = 0$，则用二分迭代法求高阶方程在某个单根区间的实根的步骤描述如下，如图 3-9 所示。

1）输入所求区间的两个端点值，即初值 x1 和 x2，所取求根区间必须保证其端点的函数值 $f(x1) * f(x2) < 0$。

2）计算出用 x1 和 x2 表示端点的求根区间中点值 $x = (x1 + x2)/2$。

3）计算方程在 x1、x 和 x2 三点处的函数值 $f(x1)$、$f(x2)$ 和 $f(x)$。此时若 $f(x) = 0$，则算法结束，x 就是所求的一个实根，否则，转到步骤 4）。

4）若 $f(x)$ 和 $f(x1)$ 同号，令 x1 = x，否则，令 x2 = x，转到步骤 2）。

应该注意的是，当 $y = f(x)$ 为 0 时，x 就是方程的

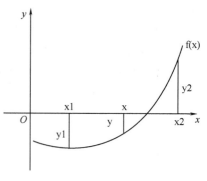

图 3-9　二分迭代法求高阶方程根

根。注意，f(x)是一个实数，在计算机中表示一个实数的精度有限，因此判断一个实数是否等于 0 时一般不用"f(x) = 0"，而用"| f(x) | ≤ 10^{-k}"来代替 f(x)是否为 0 的判断，如果 f(x)满足这个条件，则 x 即为所求方程的根（近似根）。这个 10^{-k} 称为精度，求高阶方程的根时应该给出精度要求。

【例3-19】 创建控制台应用程序实现功能：用二分迭代法求方程 $2x^3 - 4x^2 + 3x - 6 = 0$ 在区间（ - 10, 10）中的根。

```
namespace ex0319
{
    class Program
    {
        static void Main(string[ ] args)
        {
            double x0, x1, x2, fx0, fx1, fx2;
            const double ESP = 1e - 7;
            Console. Write("请输入求根区间的下限值:");
            x1 = int. Parse(Console. ReadLine( ));
            Console. Write("请输入求根区间的上限值:");
            x2 = int. Parse(Console. ReadLine( ));
            do
            {
                x0 = (x1 + x2) / 2;
                fx0 = x0 * ((2 * x0 - 4) * x0 + 3) - 6;
                fx1 = x1 * ((2 * x1 - 4) * x1 + 3) - 6;
                if ((fx0 * fx1) < 0)
                {
                    x2 = x0;
                    fx2 = fx0;
                }
                else
                {
                    x1 = x0;
                    fx1 = fx0;
                }
            } while (Math. Abs(fx0) >= ESP);
            Console. WriteLine ("方程的根是:{0,10:f5}。", x0);
            Console. ReadLine( );
        }
    }
}
```

程序的运行过程和结果如下。

  请输入求根区间的下限值：−10

  请输入求根区间的上限值：10

  方程的根是：2.00000。

习 题

一、单项选择题

1. 当变量 x 的值在［1，10］范围内时，表达式返回为"真"的是（   ）。

  A. 1 <= x <= 10   B. x >= 1 ‖ x <= 10

  C. x >= 1&&x <= 10   D. x > 1&&x < 10

2. 表示 a > b > c 关系的表达式是（   ）。

  A.（a > b）and（b > c）   B. a > b ‖ a > c

  C. a > b > c   D. a > b&&b > c

3. 下面程序段的执行结果是（   ）。

```
int x = 37;
int y = 3;
int count = 1;
while(y <= x)
{
    y *= y;
    count ++;
}
Console. WriteLine(count);
Console. ReadLine();
```

  A. 1   B. 2

  C. 3   D. 4

4. 在程序的基本控制结构中，不包括（   ）。

  A. 顺序结构   B. 跳转结构

  C. 循环结构   D. 选择结构

5. 下面程序的运行结果是（   ）。

```
static void Main (string[]args)
{
    const int a = 2;
    switch(a * 3)
    {
        case a:Console. WriteLine(a);
            break;
        default:Console. WriteLine(a * 2);
```

```
            break;
        }
        Console. ReadLine ( );
    }
```

A. 8   B. 4

C. 1   D. 10

6. 下面程序的运行结果是（　　　）。

```
static void Main ( string [ ] args )
{
    int a = 100;
    while ( a > 0 )
    {
        int r = a % 2;
        a /= 2;
        Console. Write ( r );
    }
    Console. ReadLine ( );
}
```

A. 0010011   B. 0010010

C. 0010010   D. 0110011

7. 下面程序的运行结果是（　　　）。

```
static void Main( string[ ] args )
{
    int i = 0;
    int c = 0;
    while( i < 10 )
    {
        i ++ ;
        if( i < 1 )
            continue;
        if( i == 5 )
            break;
        c ++ ;
    }
    Console. WriteLine( c );
    Console. ReadLine( );
}
```

A. 1   B. 4

C. 死循环   D. 6

8. 下面程序的运行结果是 (　　)。

```
static void Main(string[]args)
{
    int a = 0,i;
    for(i = 1;i < 5;i ++)
    {
        switch(i)
        {
            case 0:
            case 3:a += 2;
                break;
            case 1:
            case 2:a += 3;
                break;
            default:a += 5;
                break;
        }
    }
    Console. WriteLine(a);
    Console. ReadLine();
}
```

A. 11　　　　　　　　　　　　　　　　B. 13
C. 12　　　　　　　　　　　　　　　　D. 26

9. 下面程序的运行结果是 (　　)。

```
static void Main(string[]args)
{
    int i = 0,j = 0,a = 6;
    if(( ++i > 0) || ( ++j > 0))
        a ++;
    Console. WriteLine("i = {0},j = {1},a = {2}",i,j,a);
    Console. ReadLine();
}
```

A. i = 0, j = 0, a = 7　　　　　　　B. i = 1, j = 1, a = 7
C. i = 1, j = 0, a = 7　　　　　　　D. i = 0, j = 1, a = 7

10. 以下程序的运行结果是 (　　)。

```
static void Main(string[]args)
{
    int num,c;
    num = 1234;
```

```
        do
        {
            num /= 10;
            c = num % 10;
            Console. Write( c );
        } while( num > 0 );
        Console. ReadLine( );
    }
```

    A. 4321　　　　　　　　　　　　　　　B. 1234

    C. 3210　　　　　　　　　　　　　　　D. 0123

二、程序设计题

1. 已知两个三位数 abc 和 cba 之和为 1333，编写控制台应用程序，求出 3 个数字 a、b、c。

2. 编程序验证歌德巴赫猜想：任何一个大于 6 的偶数均可以表示为两个素数之和。例如，

$$6 = 3 + 3, \quad 8 = 3 + 5, \quad \cdots, \quad 18 = 7 + 11 \cdots$$

要求：将 6 ~ 100 之间的偶数都表示成两个素数之和，打印时每行打印 5 组。

3. 所谓"完备数"指的是该数的值恰好等于它的因子之和。例如，6 的因子为 1、2、3，而 6 = 1 + 2 + 3，因此 6 是"完备数"。编写控制台程序，找出 1 ~ 1000 之间的所有"完备数"。

4. 编程序实现功能：任意给定一个正整数，求出其反序数（整数的位数不固定）。

5. 编程序实现功能：将一个正整数分解质因数。例如，输入 90，打印出：90 = 2 * 3 * 3 * 5。

第4章　面向对象程序设计基础

4.1　类的概念和对象的定义

　　面向对象程序设计（Object Oriented Programming）允许用实体（Entity）或对象（Object）的思想方法来分析和设计应用程序，从而使软件开发过程更接近人类的思维过程，并且极大地提高了程序设计的效率，已成为当今程序设计的主流技术。在面向对象程序设计的概念中，类（Class）是一组具有相同数据结构和相同操作的对象的集合，用来定义对象可执行的操作。可以说，类是创建对象实例的模板，对象是类的一个实例。当应用程序通过类创建一个对象时，用户只要使用对象的属性（Property）和方法（Method）进行相应的操作，而不必关心其内部是如何实现的，这样就有助于实现程序结构的模块化和代码重用。

　　C# 语言中，定义类需要使用关键字 class，自定义类的基本语法形式如下：

```
class　类名称
{
    ［类的数据成员定义部分］
    ［类的方法成员定义部分］
}
```

4.1.1　字段

　　C# 语言中，类体中的数据成员包含变量和常量。为了区分作用域不同的变量，C# 对类的结构进行了划分：类一级值类型的变量称为字段（Field）；在方法、事件以及构造函数内部声明的变量称为局部变量。字段定义的语法形式如下：

```
    ［访问修饰符］　数据类型　变量声明列表；
```

　　数据成员的访问修饰符主要有 private、public 和 protected。private 表示将数据成员定义为私有的，只能被类中的代码访问，而不能被类之外的代码访问；public 表示将数据成员定义为公有的，可以被类中的代码以及类之外的代码访问。protected 与类的继承相关，将在其他小节中讨论。

　　例如，如果需要定义一个用于选举的类，规定类中包含一个公有数据成员"候选人姓名"和一个私有数据成员"候选人票数"，可以用如下所示的语句实现：

```
class Person
{
    public string name;
    private int num;
}
```

4.1.2　方法

C# 语言中，所谓"方法"就是包含在类体中的函数成员，通过方法实现某些规定的操作（功能）。C# 语言中定义方法的语法形式如下：

［访问修饰符］　返回值类型　方法名(形式参数列表)
{

　//实现方法功能的语句序列；

}

在方法的定义中，应该注意下面几点：

1）访问修饰符主要有 private 和 public，其意义与定义字段时相同。

2）返回值类型用于指明调用方法后返回结果的数据类型，可以是普通数据类型，也可以是类或结构。

3）方法名是用户为方法定义的名称。

4）形式参数列表位于方法名后面的小括号内，指明调用该方法所需的参数个数和每个参数的数据类型，多个参数之间使用逗号进行分隔。如果调用方法不需要参数，小括号也不能省略。

5）如果方法不要求返回值，则将返回值类型定义为 void，并且可以省略 return 语句。如果返回值类型不为 void，则方法中必须至少有一个 return 语句。

例如，要在上面定义的 Person 类中增加一个用于设置候选人姓名和将其票数初始化为 0 的方法 setPerson，可以在 Person 类中定义如下形式的方法：

```
public void setPerson(string sn, int n)
{
    name = sn;
    num = n;
}
```

4.1.3　对象的定义和访问

定义类以后，即可以定义该类的对象，每一个对象都拥有该类定义中的所有成员。对象声明后就可以对其进行访问。对象定义由对象声明和实例化两个步骤组成，对象声明的一般形式如下：

　　类名 对象名；

例如，使用如下形式声明 Person 类的一个对象 p1：

　　Person p1；

对象声明后，还需要使用关键字 new 对其进行实例化，这样才能为对象在内存中分配存储该对象的存储空间。对象实例化的一般形式：

　　对象名 = new 类名()；

例如，下述语句实现对象 p1 的实例化操作：

　　p1 = new Person()；

在定义类的对象时，也可以将对象声明和对象实例化的两个步骤合二为一，其语法形式如下：

        类名 对象名 = new 类名( )；

    例如，要定义一个 Person 类的对象 p1，可以使用如下语句实现：

        Person p1 = new Person( )；

    一个对象定义后即拥有了类中定义的所有数据成员和方法，对象的访问即是通过对象名引用其拥有的数据成员和方法。通过对象名引用其成员要使用成员运算符 "."，一般形式为：

        对象名 . 数据成员名；

        对象名 . 成员方法名(实参表)；

【例 4-1】 对象的定义和访问示例。

```
namespace ex0401
{
    class Person
    {
        public string name;
        private int num;
        public void set(string sn, int n)
        {
            name = sn;
            num = n;
        }
        public string getname()
        {
            return name;
        }
        public int getnum()
        {
            return num;
        }
    }
    class Program
    {
        static void Main(string[] args)
        {
            Person p1 = new Person();        //定义对象 p1
            p1.set("王某", 0);                //通过 set 方法为对象的数据成员赋值
            Console.WriteLine(p1.getname()); //通过 getname 方法访问 name
            Console.WriteLine(p1.getnum());  //通过 getnum 方法访问 num
            p1.name = "李某";                //name 是公有访问属性,Person 外可访问
```

```
        Console. WriteLine( p1. getname( ) ) ;
      }
    }
  }
```

在类 Person 中定义了两个数据成员，分别为 name（公有访问属性）和 num（私有访问属性），同时定义了 set、getname 和 getnum 等 3 个方法。在类 Program 的主方法 Main 中，定义了 Person 类的对象 p1 并对其进行了访问。特别注意，由于 Person 类中定义数据成员 name 的访问属性是公有的，所以通过 Person 类中定义方法的代码和在类 Program（Person 类外）中均可对其进行访问，但对于 Person 类中的数据成员 num，由于其访问属性是私有的，则只能被 Person 类中定义的方法访问，如果在类 Program 的主方法中出现 p1. num 的访问形式，就会出现错误，错误信息为：Person. num 不可访问，因为它受保护级别限制。上面程序的运行结果：

```
    王某
    0
    李某
```

4.2 方法调用过程中的参数传递

在 C# 程序中调用指定对象的方法时，使用的语句格式如下所示：

  对象名. 方法名(实际参数表)；

方法被调用时，按照实际参数表中各参数的顺序，依次将实际参数传递给对应的形式参数，二者的数据类型必须保持一致。

按照方法调用时方法中代码能否对实际参数产生影响进行分类，主要的参数传递方式有两种："值参数"和"引用参数"。

4.2.1 值参数

在定义方法时，如果方法的形式参数声明中没有任何修饰符，则默认为值参数。在按值传递过程中，实际参数和形式参数各自占用不同的内存空间，只把实际参数的值复制给对应的形式参数。这种值参数传递完成后，实际参数和形式参数没有任何关系，因此，在方法中的代码执行期间，形式参数值的改变对实际参数无任何影响。

【例 4-2】 值参数传递方法调用示例。

```
namespace ex0402
{
  class Program
  {
    static void Main( string[ ] args )
    {
        Console. Write( "请输入变量 a 的值："）；
        int a = int. Parse( Console. ReadLine( ) ) ;
```

```
        Console. Write("请输入变量 b 的值:");
        int b = int. Parse(Console. ReadLine( ));
        swap(a, b);
        Console. WriteLine("a = {0},b = {1}", a, b);
    }
    static void swap(int x, int y)
    {
        int t;
        t = x;
        x = y;
        y = t;
    }
}
}
```

在上面程序中，方法 swap 中定义了两个形式参数 x 和 y，方法的功能是交换 x 和 y 的值。在主方法 Main 中通过语句 "swap(a,b);"，调用方法 swap 时，将变量 a 和 b 的值分别传递给 x 和 y，但由于是值参数方式，参数传递完成后实际参数 a、b 与形式参数 x、y 没有任何关系，所以 swap 方法中对 x 和 y 的任何操作对实际参数 a 和 b 没有任何影响。程序一次执行的过程和结果：

```
        请输入变量 a 的值:100          //输入数据
        请输入变量 b 的值:300
        a = 100,b = 300              //输出结果
```

特别提示，在程序设计中，如果目的是不允许被调用的方法修改实际参数，那么方法的参数就应该使用值参数。

4.2.2 引用参数

在定义方法时，方法的形式参数声明时使用 ref 修饰符，则定义为引用参数。在按引用传递过程中，实际参数和形式参数使用的是相同的内存单元，如果在方法代码执行期间形式参数值发生了改变，实际参数的值就会发生相同的改变。

【例 4-3】 引用参数传递方法调用示例。

```
namespace ex0403
{
    class Program
    {
        static void Main(string[ ] args)
        {
            Console. Write("请输入变量 a 的值:");
            int a = int. Parse(Console. ReadLine( ));
            Console. Write("请输入变量 b 的值:");
```

```
        int b = int. Parse( Console. ReadLine( ) ) ;
        Console. WriteLine( "swap 方法调用前变量 a 和 b 的值:" ) ;
        Console. WriteLine( "a = {0} ,b = {1}", a, b ) ;
        swap( ref a, ref b ) ;
        Console. WriteLine( "swap 方法调用后变量 a 和 b 的值:" ) ;
        Console. WriteLine( "a = {0} ,b = {1}", a, b ) ;
    }
    static void swap( ref int x, ref int y )
    {
        int t ;
        t = x ;
        x = y ;
        y = t ;
    }

    }
}
```

在例 4-3 的程序中，方法 swap 中定义了两个引用形式参数 x 和 y，方法的功能是交换 x 和 y 的值。在主方法 Main 中通过语句"swap(ref a,ref b) ;"调用方法 swap 时，将变量 a 和 b 的值分别传递给 x 和 y，但由于是引用参数方式，形式参数 x、y 就是实际参数 a、b 在方法 swap 中的代名词，即实际参数 a、b 与对应的形式参数 x、y 实际上是同一变量，所以 swap 方法中对 x 和 y 的任何操作实质上就是对实际参数 a 和 b 的操作。程序一次执行的过程和结果:

```
        请输入变量 a 的值:100
        请输入变量 b 的值:5000
        swap 方法调用前变量 a 和 b 的值:
        a = 100,b = 5000                    //swap 方法调用前的输出值
        swap 方法调用后变量 a 和 b 的值:
        a = 5000,b = 100                    //swap 方法调用后的输出值
```

特别提示，在程序设计中，如果目的是需要被调用的方法修改实际参数，那么方法的参数就应该使用引用参数。

通常情况下，方法只能有一个返回值。但在实际应用中，有时需要被调用的方法能够返回多个值，通过在方法中使用引用参数也可以实现该目的。

【例 4-4】 设计如图 4-1 所示的 Windows 窗体应用程序，程序运行时在"输入角度值"文本框中输入角度数据，单击"计算"按钮计算出对应的正选函数值和余弦函数值；单击"退出"按钮结束程序运行。要求在程序的实现代码中，使用一个方法同时计算出正弦函数值和余弦函数值。

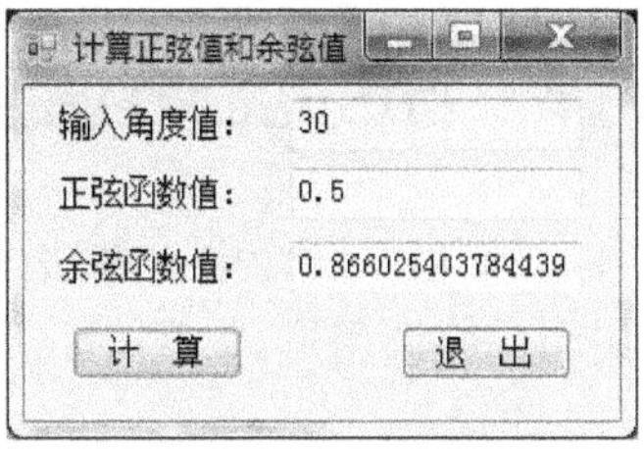

图 4-1 例 4-4 窗体界面

namespace ex0404

```
{
    public partial class Form1 : Form
    {
        public Form1()
        {
            InitializeComponent();
        }
        private void butExit_Click(object sender, EventArgs e)
        {
            this.Close();
        }
        private void btnComput_Click(object sender, EventArgs e)
        {
            if(txtBoxNum.Text == " ")                //检查输入数据有效性
                return;
            double x = double.Parse(txtBoxNum.Text);   //获取并转换输入数据
            double sinx, cosx = 0;      //注意对应引用参数的实参必须初始化
            x = x * Math.PI / 180;   //对 x 实现度化弧度
            sinx = sincos(x, ref cosx);
            txtBoxSin.Text = sinx.ToString();        //在对应文本框中显示结果
            txtBoxCos.Text = cosx.ToString();
        }
        public double sincos(double x, ref double cx)
        {
            cx = Math.Cos(x);
            return Math.Sin(x);
        }
    }
}
```

在例 4-4 的实现程序代码中，通过方法 sincos 调用可以同时获取两个值（数据），方法 sincos 中通过引用参数 cx 将计算的余弦值传递给实际参数变量 cosx，通过方法的返回机制将正弦值返回并赋值给变量 sinx。程序的执行过程读者可参照注释自行理解。

4.3 方法的嵌套调用和递归调用

C# 程序设计中，方法的调用除了 4.2 节介绍的单层调用外，还存在方法的嵌套调用形式和递归调用形式，下面分别予以介绍。

4.3.1 方法的嵌套调用

所谓方法的嵌套调用就是一个方法在自己被调用的过程中又调用了另外的方法。一个两层嵌套方法调用的过程如图 4-2 所示，更多层的函数嵌套调用过程与此类似。

如图 4-2 所示，程序在主方法 Main 的执行过程中调用了方法 f1，此时主方法并未执行完成但程序的控制流程已经从主方法转移到了 f1 方法中；方法 f1 在执行的过程中又调用了方法 f2，此时方法 f1 并未执行完成但程序的控制流程已经转移到了方法 f2 中；方法 f2 执行完成后，程序的控制流程会返回到方法 f1 中对 f2 的调用点继续执行方法 f1 中未完成部分，当方法 f1 执行完成后，程序的控制流程返回主方法继续执行直至程序执行完成。

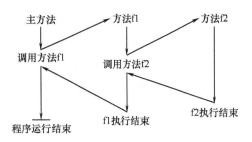

图 4-2　两层函数嵌套方法调用示意图

【例 4-5】　编制控制台应用程序，计算 $s = 1^k + 2^k + \cdots + n^k$。要求对 n 项的求和以及每一项 i^k 的计算都用独立的方法实现，k 和 n 的值在主方法中通过键盘输入。

```
namespace ex0405
{
    class Program
    {
        static void Main(string[] args)
        {
            int n, k, s;
            Console.WriteLine("请输入变量 n 的值:");
            n = int.Parse(Console.ReadLine());
            Console.WriteLine("请输入变量 k 的值:");
            k = int.Parse(Console.ReadLine());
            s = sum(n, k);
            Console.WriteLine("自然数 1 ~ {0} 的 {1} 次方之和为:{2}", n, k, s);
        }
        static int sum(int n, int k)
        {
            int i, total = 0;
            for(i = 1; i <= n; i++)
                total += power(i, k);        //通过 power 方法调用求 i 的 k 次方
                return total;
        }
        static int power(int x, int y)
        {
            int i, p = x;
```

```
            for( i = 1; i < y; i ++ )
                p *= x;
            return p;
        }
    }
}
```

在例 4-5 的程序执行过程中，主方法调用了方法 sum。方法 sum 在执行过程中，n 次调用方法 power 计算对应的数据项，并将每次调用 power 方法的返回值进行累加求和，最后返回给主方法并输出。程序的一次执行过程和结果：

      请输入变量 n 的值：

      5

      请输入变量 k 的值：

      2

      自然数 1~5 的 2 次方之和为:55

4.3.2　方法的递归调用

一个方法直接或间接地自己调用自己，称为方法的递归调用。方法的递归调用可以看成是一种特殊的方法嵌套调用，它与一般的嵌套调用相比较有两个不同的特点：一是递归调用中每次嵌套调用的函数都是该方法本身；二是递归调用不会无限制进行下去，即这种特殊的自己对自己的嵌套调用总会在某种条件下结束。

递归调用在执行时，每一次都意味着本次的方法体并没有执行完毕，因此，方法递归调用的实现必须依靠系统提供一个特殊部件（堆栈）存放未完成的操作，以保证当递归调用结束进行回溯时不会丢失任何应该执行而没有执行的操作。计算机系统的堆栈可以看成是一段先进后出（FILO）的存储区域，系统在递归调用时将在递归过程中应该执行而没有执行的操作依次从堆栈栈底开始存放，当递归结束回溯时再依存放时相反的顺序将它们从堆栈中取出来执行。在压栈和出栈操作中，系统使用堆栈指针指示应该存入和取出数据的位置。

【例 4-6】　编制控制台应用程序，用递归方法求两个正整数的最大公约数。

通过对问题的分析可以得出如下递归关系：

$$gcd(m,n) = \begin{cases} n & (r = m\%n) = 0 \\ gcd(n,r) & (r = m\%n) \neq 0 \end{cases}$$

按照上面分析得到的递归方程和结束条件，可以设计出如下所示的求两个正整数的最大公约数的递归方法 gcd。

```
namespace ex0406
{
    class Program
    {
        static void Main( string[ ] args)
        {
            int n1, n2;
```

```
        Console. Write("? n1: ");
        n1 = int. Parse(Console. ReadLine());
        Console. Write("? n2: ");
        n2 = int. Parse(Console. ReadLine());
        if (n1 < n2)
        {
            n1 = n1 + n2;
            n2 = n1 - n2;
            n1 = n1 - n2;
        }
        Console. WriteLine("{0}与{1}的最大公约数是:{2}", n1, n2, gcd(n1, n2));
    }
    static int gcd(int m, int n)
    {
        int r;
        if ((r = m % n) == 0)
            return n;
        else
            return gcd(n, r);
    }
  }
}
```

在例4-6的程序执行过程中，方法 gcd 的执行使用 gcd（n，r）形式反复进行递归调用直至 m 能够被 n 整除为止，程序的一次执行过程和结果：

```
    ? n1: 125
    ? n2: 25
    125 与 25 的最大公约数是:25
```

4.4 作用域和方法的重载

在一个完整的 C# 程序中，类将程序划分为若干个相对独立的区域。在一个类中，方法又将其划分为若干个相对独立的区域。在一个方法的内部，通过复合语句还可以划分出范围更小的 C# 代码区域。C# 语言规定，在类的方法之外、方法的内部，甚至在复合语句中都可以根据需要定义或声明数据对象。

4.4.1 定义局部作用域

方法定义中，用于限定方法体的一对大括号就定义了一个局部的作用域。在方法体中定义的所有数据对象（主要是变量）都具有局限于该方法的局部作用范围，称为"局部变量"。局部变量的主要特征：

1）只能由其定义所在方法中的代码访问。

2）如果没有显式初始化（或赋值），其值是随机的。

3）存在的时间与所在方法被调用的时间相当，即方法调用时系统自动创建局部变量，方法调用结束时系统自动撤销局部变量。

4）不能通过局部变量在不同的方法中共享数据信息。

【例 4-7】 创建控制台应用程序，打印 5 行"＊"构成的字符串，每行打印 10 个。

```
namespace ex0407
{
    class Program
    {
        static void Main(string[] args)
        {
            int i;
            for (i = 0; i < 5; i++)
                print();
        }
        static void print()
        {
            int i;
            for (i = 0; i < 10; i++)
                Console.Write('*');
            Console.WriteLine();
        }
    }
}
```

在例 4-7 的程序中，主方法和方法 print 中都定义了变量 i，由于它们都是局部变量，作用范围被分别限定在自己的作用域中，相互之间没有任何关系，所以都能够正确地实现自己对应的计数功能。程序运行的结果：

```
* * * * * * * * * *
* * * * * * * * * *
* * * * * * * * * *
* * * * * * * * * *
* * * * * * * * * *
```

4.4.2 定义类属作用域

类的定义中，在其所有的方法之外定义的变量就是具有"类属作用域"的变量，类定义中的字段就是这种变量。字段可以被类中的所有方法访问，其主要特征：

1）可以被类中的所有方法访问。

2）如果没有显式初始化（或赋值），系统会自动初始化为 0 值。

3）可以使用字段在类中不同的方法之间共享数据信息。

4）字段变量存在的时间与程序运行时间相当。

【例4-8】 创建控制台应用程序，展示类属作用域的实现方法。

```
namespace ex0408
{
    class Program
    {
        static void Main(string[] args)
        {
            mydata p = new mydata();
            p.set(10, 20);
            p.add();
            p.show();
        }
    }
    class mydata
    {
        private int a, b;
        public void set(int x, int y)
        {
            a = x;
            b = y;
        }
        public void add()
        {
            c = a + b;
        }
        public void show()
        {
            Console.WriteLine("{0} + {1} = {2}", a, b, c);
        }
        private int c;
    }
}
```

在例4-8程序的类mydata定义中，定义了3个类属变量（字段）a、b、c，由于它们的作用域是整个mydata类，所以类中的set、add和show方法都可以对它们进行访问。通过字段a、b、c的定义位置可以看到，类属数据对象的定义地点可以在访问它的方法之前，也可以在访问它的方法之后。程序的运行结果：

$\qquad$ 10 + 20 = 30

4.4.3 方法的重载

所谓"重载"即在同一个作用域中声明了两个相同的名字（标识符）。对于局部变量、类属变量（字段）等而言，重载它们是非法的操作，但对于具有不同数据集（参数集）的方法而言，重载是 C# 提供的一项十分重要且有用的技术。如果一个方法有多个实现版本，且每个实现分别具有不同的参数集合，就可以考虑重载该方法（即使用同一个名字来表示方法的各种实现方法）。

【例 4-9】 编制控制台应用程序，通过方法重载分别实现两个实数的乘法运算和两个整数的乘法运算功能。

```
namespace ex0409
{
    class Program
    {
        static void Main(string[] args)
        {
            myClass op = new myClass();
            Console.WriteLine("两个实数乘积是:{0}", op.mul(10.3, 20.5));
            Console.WriteLine("两个整数乘积是:{0}", op.mul(100, 5));
        }
    }
    class myClass
    {
        public int mul(int x, int y)
        {
            return x * y;
        }
        public double mul(double x, double y)
        {
            return x * y;
        }
    }
}
```

例 4-9 程序的 myClass 类中，定义了两个名为 mul 的同名方法，即实现了 mul 方法的重载。在方法调用时，系统通过调用方法表达式中实参所具有特征来确定具体使用哪个方法。程序的运行结果：

　　　　两个实数乘积是:211.15
　　　　两个整数乘积是:500

需要特别注意的是，C# 语言中不能只通过返回值类型不同来正确选用重载方法。在实现方法重载时必须要重载方法具有不同的参数表集合，包括个数不同、类型不同、各类型参数出现的次序不同等情况。

4.5 static 关键字的使用

类的静态成员主要用于解决数据共享问题。使用访问修饰符 static 定义类的成员称为静态成员，包括静态字段、静态方法等。静态成员和非静态成员之间的区别：静态成员属于类，非静态成员属于对象。

4.5.1 静态字段

在类的定义中，通过对数据成员使用关键字 static 进行限定即可定义静态数据成员（静态字段），静态数据成员是类的所有对象共享的成员。对于多个对象来说，静态数据成员只存储在一个位置，供同一个类的所有对象共用。静态数据成员可以在类的定义中进行显式的初始化，而且在访问过程中只要对静态数据成员的值更新一次，就可以保证所有对象都访问到更新后的相同值。使用静态数据成员实现多个对象之间的数据共享，既可以节省内存，又能保证安全性。

【例 4-10】 创建控制台应用程序展示静态字段的访问方法。

```
namespace ex0410
{
    class Program
    {
        static void Main( string[ ] args)
        {
            myClass p1 = new myClass( );
            myClass p2 = new myClass( );
            myClass p3 = new myClass( );
            myClass p4 = new myClass( );
            p1. join( );
            p2. join( );
            p3. join( );
            p4. join( );
            p1. show( );
        }
    }
    class myClass
    {
        static int count;
        public void join( )
        {
            count ++ ;
```

```
            }
        public void show( )
            {
                Console. WriteLine( ″count = {0} ″, count ) ;
            }
        }
    }
```

在类 myClass 中，定义了一个静态字段 count（初始值为 0）。程序中的 myClass 类对象 p1、p2、p3 和 p4 分别调用自己的 join 方法，在方法中对自己拥有的数据成员 count 进行增值操作。由于 count 是类中的静态成员，属于该类的所有对象共同拥有，所以 p1、p2、p3 和 p4 分别调用 join 方法时实质上是操作的同一个数据成员 count。操作完成后，无论用那个对象去调用 show 方法，都会得到同样的结果（count 的值）。程序的运行结果：

```
        count = 4
```

4.5.2　静态方法

在类的定义中，使用访问修饰符 static 限定的方法称为静态方法。相对于静态方法，没有使用 static 关键字限定的方法称为实例方法。静态方法属于类，如果一个类的所有对象都不加改变的引用同一方法，那么这个方法就应该定义为静态方法，以节省资源。静态方法和实例方法相比较，有以下几点区别：

1）静态方法属于类，使用时需要使用类的名字进行引用。

2）实例方法属于对象，使用时需要使用对象的名字进行引用。

3）在静态方法中，只能直接访问类中定义的静态数据成员，而不能直接访问类中定义的非静态数据成员。

4）在实例方法中，既可以访问类中的静态数据成员，又可以访问类中的非静态数据成员。

【例 4-11】　静态方法使用示例。

```
namespace ex0411
{
    class Program
    {
        static void Main( string[ ] args )
        {
            myClass op = new myClass( ) ;
            op. set( 100 ) ;          //实例方法通过对象的名字进行调用
            op. show1( ) ;
            myClass. show2( ) ;       //静态方法通过类的名字进行调用
        }
    }
    class myClass
```

```
    {
        static int x = 10;
        int y;
        public void set(int a)
        {
            y = a;
        }
        public void show1()
        {
            Console.WriteLine("x = {0}", x);
            Console.WriteLine("y = {0}", y);
        }
        static public void show2()
        {
            Console.WriteLine("x = {0}", x);
            //Console.WriteLine("y = {0}", y);    //错误:不能直接访问非静态数据成员
        }
    }
}
```

在例 4-11 的程序中，方法 show2 是静态方法，只能通过 myClass. show2() 形式使用类的名字进行调用，而且只能访问类中的静态数据成员 x，如果试图访问非静态数据成员就会出错；方法 show1 是实例方法，只能通过 op. show1() 形式使用对象名字进行调用，在实例方法中，不但可以访问静态数据成员 x，而且还能访问非静态数据成员 y。程序运行结果：

```
        x = 10
        y = 100
        x = 10
```

4.6　构造函数

C# 程序中使用 new 运算符来创建一个新对象时，需要根据对象所需要的空间大小向操作系统申请一块内存区域，在其中划分（填充）由类定义的字段，对其进行必要的初始化工作，初始化工作的实现就需要使用一个特殊的方法——构造函数。

4.6.1　默认构造函数

构造函数（Constructor）是在类中定义的特殊的方法，每个类中至少有一个构造函数。如果定义的类中没有显式定义构造函数，编译器会为该类定义自动生成一个默认的构造函数。通过 new 运算符创建对象时，系统会自动调用构造函数，以确保所创建对象在被使用之前已经进行了必要的初始化。构造函数具有如下特点：

1）构造函数的名字必须和类的名字完全相同。

2）构造函数没有返回值类型，也不能返回任何值。

3）构造函数使用 public 访问属性，以便在程序的其他部分对其进行调用。

例如，在下面的 Person 类定义中，没有定义构造函数：

```
class Person
{
    public string name;
    private int num;
        …
}
```

当程序代码中使用语句"Person p1 = new Person( );"定义对象 p1 时，使用的就是编译器提供的默认构造函数。

C# 语言中，默认构造函数就是一种没有形式参数的构造函数。如果需要，在类中也可以自己定义。例如，上面的 Person 类可以定义为如下形式：

```
class Person
{
    public string name;
    private int num;
    public Person( )
    {
        name = "";
        num = 0;
    }
        …
}
```

在类中定义了默认构造函数后，编译器就不再提供默认构造函数。使用语句"Person p2 = new Person( );"定义对象 p2 时，使用的就是类中自行定义的默认构造函数。

4.6.2 构造函数的重载

在类的定义中，如果需要多种对类对象初始化的方法，可以通过重载构造函数来实现。构造函数重载后，当定义新的对象时，编译器会根据提供的参数来判断使用哪一个构造函数对对象进行初始化工作。例如，对于上面的 Person 类，可以定义为如下形式：

```
class Person
{
    public string name;
    private int num;
    public Person( )   //第 1 个构造函数
    {
        name = "";
        num = 0;
```

```
        }
    public Person(string na)    //第2个构造函数
    {
        name = na;
        num = 0;
    }
    public Person(string na, int x)    //第3个构造函数
    {
        name = na;
        num = x;
    }
        …
}
```

使用语句"Person p1 = new Person();"构造对象时会自动调用第1个构造函数,使用语句"Person p1 = new Person("张某某");"构造对象时会自动调用第2个构造函数,使用语句"Person p1 = new Person("张某某",100);"构造对象时会自动调用第3个构造函数。

【例4-12】 设计一个关于时间的类 Time,其中提供能够实现 Time 对象不同初始化功能的构造函数,包括不指定起始时间(时、分、秒均为0值),指定起始的时(分、秒均为0值),指定起始的时和分(秒为0值),指定起始的时、分和秒值。

```
    class Time
    {
        private int hour;
        private int minute;
        private int second;
        public Time()    //第1个构造函数
        {
            hour = 0;
            minute = 0;
            second = 0;
        }
        public Time(int h)    //第2个构造函数
        {
            hour = h;
            minute = 0;
            second = 0;
        }
        public Time(int h, int m)    //第3个构造函数
        {
            hour = h;
```

```
            minute = m;
            second = 0;
        }
    public Time(int h, int m, int s)    //第 4 个构造函数
        {
            hour = h;
            minute = m;
            second = s;
        }
    }
```

在上面的 Time 类定义中，重载了 4 个不同的构造函数，如果在程序中使用下面的语句序列构造若干对象，则系统会自动选择调用对应的构造函数构造对象：

```
Time t1, t2, t3, t4;
t1 = new Time();                //使用第 1 个构造函数
t2 = new Time(13);              //使用第 2 个构造函数
t3 = new Time(13, 55);          //使用第 3 个构造函数
t4 = new Time(13, 55, 20);      //使用第 4 个构造函数
```

4.7   继承

继承（Inheritance）是面向对象程序设计最重要的特性之一。所谓继承，就是从一个已经存在的类中获得公有数据成员和方法成员，从而创建新的类。在程序开发中，通过继承实现代码的共享，可以提高开发效率，并且有助于减少错误。

C# 语言中仅支持单继承，即用派生方法创建新类时，只能从一个已经存在的类中继承公有的数据成员和方法成员。

4.7.1   基类和派生类

通过继承方式定义派生类的常用语法形式如下所示：

```
[public] class   类名 :基类
{
    //派生类类体定义代码部分
}
```

在 C# 语言中，继承总是隐含为 public 的方式，定义派生类时使用 public 指定与否均无关系。在派生类的定义中，被继承的类称为基类（Base Class，或称为父类），从基类派生出来的类称为派生类（Derived Class，或称为子类）。C# 语言中仅支持单继承，即派生类只能从一个基类中继承。派生类不仅可以继承基类的公有成员，还可以修改或替换其中的某些成员，或者添加新的成员，从而通过扩展了基类功能的方式实现具有新功能的类定义。

例如，下面的代码段中，首先定义了类 Rectangle，然后以此为基类派生出了类 Cube：

```
class Rectangle            //基类 Rectangle 定义部分
```

```
{
    public double a;
    public double b;
    public double area;
    public Rectangle(double x, double y)
    {
        a = x;
        b = y;
    }
    public void getArea()
    {
        area = a * b;
    }
    public void showdata()
    {
        Console.WriteLine("a = {0},b = {1}", a, b);
        Console.WriteLine("a * b = {0}", area);
    }
}
class Cube : Rectangle        //派生类 Cube 定义部分
{
    private double h;
    private double volume;
    public Cube(double x, double y, double z)
        : base(x, y)
    {
        h = z;
    }
    public void getVolume()
    {
        getArea();
        volume = area * h;
    }
    public void showdata()
    {
        Console.WriteLine("a = {0},b = {1},h = {2}", a, b, h);
        Console.WriteLine("volume = {0}", volume);
    }
}
```

4.7.2 调用基类构造函数

派生类自动包含了来自基类的所有成员（字段和方法），在建立派生类的实例对象时，先调用基类的构造函数来初始化派生类对象中的基类数据成员，然后调用派生类构造函数初始化派生类中扩展的数据成员。

为了能够初始化派生类中从基类继承而来的数据成员，派生类的构造函数除了负责为自己扩展的数据成员提供初始化值外，还必须负责为基类的构造函数提供用于初始化的数据。在派生类构造函数的参数表中，要提供派生类和基类所需的全部初始化数据，通过使用 base 关键字来指定将其中的哪些数据提供给基类的构造函数。例如，上面派生类 Cube 的构造函数定义形式如下所示：

```
public Cube(double x, double y, double z)
    : base(x, y)
{

    h = z;

}
```

构造函数中有 3 个参数，其中通过 z 给 Cube 类中字段 h 提供初始化值，另外两个参数 x 和 y 通过 ":base(x,y)" 的语法形式传递给 Cube 类对应基类 Rectangle 的构造函数使用。

4.7.3 在基类中使用 protected 关键字

在 C# 类的定义中，public 和 private 两个关键字表示了两种极端的访问限制。使用 public 限定的字段和方法可以在程序中的任何地方访问；使用 private 限定的字段和方法只能由类中的代码访问。

在 C# 的继承关系中，基类的私有成员只能被基类的方法访问，而不能被它所派生出来的派生类方法访问。如果程序中需要在派生类中访问基类中成员，那么基类中能够被派生类访问的成员就不能用 private 来限制访问。基类中的成员如果使用 public 访问属性，虽然解决了派生类访问这些基类成员的问题，但由于程序中的任何地方都可以访问这些基类成员，使得基类中这些成员的安全性受到威胁。

C# 中使用关键字 protected 来协调基类中数据的访问限制，通过在基类中使用 protected 访问属性限定其成员，使得该成员在其派生类中呈现出公有的访问属性（即在派生类中可以被访问），而在程序的其他部分呈现出私有的访问属性（即程序中除其派生类部分外的其余程序代码中是不可访问的）。下面的示例对上述 Rectangle 进行了改造，通过对其字段的 protected 访问限定，保证了数据对其派生类是可以访问的，而对程序中的其他部分而言是不可访问的。

【例 4-13】 使用 protected 关键字限定数据成员可访问性示例。

```
namespace ex0413
{
    class Program
    {
        static void Main(string[] args)
```

```
        {
            Cube op1 = new Cube(1.4, 2.1, 3.5);
            op1. getVolume();
            op1. showdata();
//      op1. a = 100;          //错误:在派生类外试图访问基类的 protected 成员
        }
}
class Rectangle
{
    protected double a;          //protected 访问限定使得数据对派生类是可访问的
    protected double b;
    protected double area;
    public Rectangle(double x, double y)
    {
        a = x;
        b = y;
    }
    public void getArea()
    {
        area = a * b;
    }
    public void showdata()
    {
        Console. WriteLine("a = {0},b = {1}", a, b);
        Console. WriteLine ("a * b = {0}",area);
    }
}
class Cube : Rectangle
{
    private double h;
    private double volume;
    public Cube(double x, double y, double z)
        : base(x, y)
    {
        h = z;
    }
    public void getVolume()
    {
        getArea();
```

```
                    volume = area * h;
        }
    public void showdata( )
        {
            Console. WriteLine( "a = {0} ,b = {1} ,h = {2} " , a, b, h);
            Console. WriteLine( "volume = {0} " , volume);
        }
    }
}
```

程序的运行结果：

    a = 1. 4 ,b = 2. 1 ,h = 3. 5

    volume = 10. 29

4.8 常用系统定义类

在 Framework 的 System 命名空间中，提供了大量系统预定义的类，可以在程序中直接引用。下面简单介绍最常用的数学类、字符串类、日期时间类和随机数类。

4.8.1 数学类（System. Math 类）

在程序中经常需要进行数学运算，特别是指数、对数、三角函数等，System. Math 类提供了一系列用于数学计算的静态方法，见表 4-1。

表 4-1　System. Math 类的常用静态方法

方　　法	说　　明	返回值类型	应 用 举 例
Abs	返回指定数字的绝对值	decimal	Math. Abs(x)
Acos	返回余弦值为指定数字的角度	double	Math. Acos(x)
Asin	返回正弦值为指定数字的角度	double	Math. Asin(x)
Atan	返回正切值为指定数字的角度	double	Math. Atan(x)
Atan2	返回正切值为 2 个指定数字的商的角度	double	Math. Atan2(x,y)
BigMul	计算两个 32 位数字的完整乘积	long	Math. BigMul(a,b)
Ceiling	返回大于或等于指定浮点数的最小整数	double	Math. Ceiling(x)
Cos	返回指定角度的余弦值	double	Math. Cos(x)
DivRem	计算两个 64 位有符号整数的商(余数在 c 中)	long	Math. DivRem(a,b,out c)
Exp	返回 e 的指定次幂	double	Math. Exp(x)
Floor	返回小于或等于指定浮点数的最大整数	double	Math. Floor(x)
Log	返回指定数字的自然对数	double	Math. Log(x)
Log10	返回指定数字以 10 为底的对数	double	Math. Log10(x)
Max	返回 2 个指定十进制数中较大的一个	decimal	Math. Max(x,y)
Min	返回 2 个指定十进制数中较小的一个	decimal	Math. Min(x,y)
Pow	返回指定数字的指定次幂	double	Math. Pow(x,y)
Round	将小数值舍入到指定精度	decimal	Math. Round(x,2)

（续）

方　　法	说　　明	返回值类型	应用举例
Sign	返回表示数字符号的值	int	Math. Sign(x)
Sin	返回指定角度的正弦值	double	Math. Sin(x)
Sqrt	返回指定数字的平方根	double	Math. Sqrt(x)
Tan	返回指定角度的正切值	double	Math. Tan(x)
Truncate	计算指定双精度浮点数的整数部分	double	Math. Truncate(x)

注意：为简单起见，表 4-1 中应用举例所用到的参数在没有特别说明时，a、b 为 long 类型，x、y 为 double 类型。

在 Math 类中还提供了两个经常使用到的重要常数，可以在程序中直接引用，即：

1）Math. E：自然对数的底数（2. 71828182845905）。

2）Math. PI：圆周率（3. 14159265358979）。

【**例 4-14**】　创建如图 4-3 所示的 Windows 窗体应用程序，实现计算平面上两点间距离的功能。

图 4-3　计算平面上两点间距离

```
namespace ex0414
{
    public partial class Form1 ：Form
    {
        public Form1( )
        {
            InitializeComponent( );
        }

        private void btnExit_Click( object sender, EventArgs e)
        {
            this. Close( );
        }

        private void btnComput_Click( object sender, EventArgs e)
        {
            if ( txtX1. Text == " "  ‖  txtY1. Text == " "  ‖
                    txtX2. Text == " "  ‖  txtY2. Text == " ")
                return;
            Point p1 = new Point( );
            Point p2 = new Point( );
            p1. x = double. Parse( txtX1. Text);
            p1. y = double. Parse( txtY1. Text);
            p2. x = double. Parse( txtX2. Text);
            p2. y = double. Parse( txtY2. Text);
```

```
        double lineLength;
        lnLen = Math. Sqrt( Math. Pow( p2. x − p1. x, 2) + Math. Pow( p2. y − p1. y, 2));
        txtResult. Text = lnLen. ToString();
        }
    }
    class Point
    {

        public double x;
        public double y;
    }
}
```

4.8.2　字符串类（System. String 类）

在应用程序开发中，字符串处理是最常见的操作之一。在 C# 程序中，常常使用 string 来声明字符串类型的变量，这里使用的关键字 string 实际上就是 System. String 类的别名。

System 命名空间之下的 String 类提供了许多字符串处理的实例方法，使 C# 的字符串处理功能得到了极大的增强。表 4-2 中列出了最常用的方法。

表 4-2　System. String 类的部分实例方法

方　法	说　明	返回值类型	应 用 举 例
CompareTo	与指定的字符串对象进行比较	int	str1. CompareTo(str2)
EndsWith	判断字符串是否以指定子串为结尾	bool	str. EndsWith(substr)
Equals	判断两个字符串是否相等	bool	str1. Equals(str2)
IndexOf	定位字符串中第一次出现指定子串的位置	int	str. IndexOf(substr)
Insert	在字符串中指定位置插入子串 substr	string	str. Insert(start, substr)
LastIndexOf	定位字符串中最后一次出现指定子串的位置	int	str. LastIndexOf(substr)
PadLeft	用字符 char 将字符串从左侧填充到规定长度	string	str. PadLeft(length, char)
PadRight	用字符 char 将字符串从右侧填充到规定长度	string	str. PadRight(length, char)
Remove	将字符串中从 start 开始的 count 个字符删除	string	str. Remove(start, count)
Replace	将字符串中的指定子串用另一个子串替换	string	str. Replace(strOld, strNew)
Split	把字符串按指定的分隔符切分并存入数组	string[ ]	str. Split(separator)
StartsWith	判断字符串是否以指定子串为开头	bool	str. StartsWith(substr)
SubString	截取从指定位置开始的若干个字符为子串	string	str. SubString(start, length)
ToCharArray	将字符串 str 逐个字符切分并存入字符数组	char[ ]	str. ToCharArray( )
ToLower	将字符串中所有英文字符转换为小写	string	str. ToLower( )
ToUpper	将字符串中所有英文字符转换为大写	string	str. ToUpper( )
Trim	删除字符串首尾两端的空格	string	str. Trim( )
TrimEnd	删除字符串尾部的空格	string	str. TrimEnd( )
TrimStart	删除字符串首端的空格	string	str. TrimStart( )

【**例 4-15**】 创建如图 4-4 所示的 Windows 窗体应用程序，程序运行时在文本框中输入一串大小写混合的字符串，单击"转换"按钮将文本框中的所有英语字母转换为大写形式；单击"退出"按钮结束程序运行。

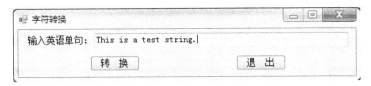

图 4-4　字符转换

```
namespace ex0415
{
    public partial class Form1 : Form
    {
        public Form1()
        {
            InitializeComponent();
        }

        private void button2_Click(object sender, EventArgs e)
        {
            Application.Exit();
        }

        private void button1_Click(object sender, EventArgs e)
        {
            if (txtData.Text == "")
                return;
            string s1 = txtData.Text;
            txtData.Text = "";
            s1 = s1.ToUpper();
            txtData.Text = s1;
        }
    }
}
```

4.8.3　日期时间类（System.DateTime 类）

System.DateTime 类提供的常用日期与时间属性见表 4-3，表中同时列举了各种属性的用法，其中 Now、Today、UtcNow 为 DateTime 类的静态属性，其余为实例属性。这些属性大部分为数值类型，作为字符串输出时需要用 ToString() 方法进行类型转换。

表 4-3　System. DateTime 类的常用日期与时间属性

属 性 名	说　明	用 法 举 例	返 回 值
Now	当前日期和时间	DateTime dt1 = DateTime. Now;	2009 - 05 - 02 14:33:26
Today	当前日期	DateTime dt1 = DateTime. Today;	2009 - 05 - 02
UtcNow	通用日期和时间	DateTime dt1 = DateTime. UtcNow;	2005 - 05 - 02 06:33:26
Date	实例对象的日期	label1. Text = dt1. Date. ToString( );	2009 - 05 - 02 00:00:00
Year	返回年份	label1. Text = dt1. Year. ToString( );	2009
Month	月份,1～12 的整数	label1. Text = dt1. Month. ToString( );	5
Day	日期,1～31 的整数	label1. Text = dt1. Day. ToString( );	2
DayOfYear	一年中的第几天	label1. Text = dt1. DayOfYear. ToString( );	122
DayOfWeek	一周中的第几天	label1. Text = dt1. DayOfWeek. ToString( );	Saturday
Hour	小时,0～23 的整数	label1. Text = dt1. Hour. ToString( );	14
Minute	分钟,0～59 的整数	label1. Text = dt1. Minute. ToString( );	33
Second	秒,0～59 的整数	label1. Text = dt1. Second. ToString( );	25
TimeOfDay	一日中的时间	label1. Text = dt1. TimeOfDay. ToString( );	14:33:25:7968750

　　DateTime 类常用的日期与时间方法见表 4-4。其中 DaysInMonth( )、IsLeapYear( )为 Da-teTime 类的静态方法，其余为实例方法。表 4-4 中的 dt1 为 DateTime 类的实例。

表 4-4　DateTime 类常用的日期与时间方法

方 法 名	说　明	用 法 举 例	返 回 值
DaysInMonth( )	指定年和月中的天数	DateTime. DaysInMonth(2009, 5)	31
IsLeapYear( )	是否闰年	DateTime. IsLeapYear(2009)	False
Add( )	增加时间跨度值	dt1. Add(TimeSpan Value)	
AddYears( )	增加年数	dt1. AddYears(3)	2012 - 05 - 02 14:33:26
AddMonths( )	增加月数	dt1. AddMonths(5)	2009 - 11 - 02 14:33:26
AddDays( )	增加日数	dt1. AddDays(15)	2009 - 05 - 17 14:33:26
AddHours( )	增加小时数	dt1. AddHours(28)	2009 - 05 - 03 18:33:26
AddMinutes( )	增加分钟数	dt1. AddMinutes(100)	2009 - 05 - 02 16:13:26
AddSeconds( )	增加秒数	dt1. AddSeconds(100)	2009 - 05 - 02 14:35:06
Subtract( )	减去时间跨度值	dt1. Subtract(TimeSpan Value)	
ToLocalTime( )	转换为本地时间	dt1. ToLocalTime( )	2009 - 05 - 02 14:33:26
ToUniversalTime( )	转换为国际通用时间	dt1. ToUniversalTime( )	2009 - 05 - 02 6:33:26
ToLongDateString( )	转换为长日期格式	dt1. To LongDateString( )	2009 年 5 月 2 日
ToLongTimeString( )	转换为长时间格式	dt1. ToLongTimeString( )	14:33:26
ToShortDateString( )	转换为短日期格式	dt1. ToShortDateString( )	2009 - 05 - 02
ToShortTimeString( )	转换为短时间格式	dt1. ToShortTimeString( )	14:33

　　在输出操作中，除了使用表 4-4 中列举的方法实现日期与时间格式化外，还可以使用表 4-5 中的格式化控制符。

表 4-5　日期与时间格式化控制符

格式化控制符	说　　明	用 法 举 例	返 回 值
d	短日期	string. Format(｛″｛0:d｝″,dt1)	2009 − 05 − 02
D	长日期	string. Format(｛″｛0:D｝｝″,dt1)	2009 年 5 月 2 日
f	完整日期/短时间	string. Format(｛″｛0:f｝｝″,dt1)	2009 年 5 月 2 日 20:18
F	完整日期/长时间	string. Format(｛″｛0:F｝｝″,dt1)	2009 年 5 月 2 日 20:18:32
g	常规日期/短时间	string. Format(｛″｛0:g｝｝″,dt1)	2009 − 05 − 02 20:18
G	常规日期/长时间	string. Format(｛″｛0:G｝｝″,dt1)	2009 − 05 − 02 20:18:32
m	月日	string. Format(｛″｛0:m｝｝″,dt1)	5 月 2 日
M	月日	string. Format(｛″｛0:M｝｝″,dt1)	5 月 2 日
t	短时间	string. Format(｛″｛0:t｝｝″,dt1)	20:18
T	长时间	string. Format(｛″｛0:T｝｝″,dt1)	20:18:32
u	通用可排序日期/时间	string. Format(｛″｛0:u｝｝″,dt1)	2009 − 05 − 02 20:18:32
U	通用可排序日期/时间	string. Format(｛″｛0:U｝｝″,dt1)	2009 年 5 月 2 日 12:18:32
y	年月	string. Format(｛″｛0:y｝｝″,dt1)	2009 年 5 月
Y	年月	string. Format(｛″｛0:Y｝｝″,dt1)	2009 年 5 月

【例 4-16】　编制控制台应用程序，计算指定两个日期之间的天数。

```
namespace ex0416
{
    class Program
    {
        static void Main( string[ ] args)
        {
            DateTime dt1 = DateTime. Now；  //获取当前系统日期/时间
            DateTime dt2 = new DateTime(2012, 04, 19, 10, 0, 0);//指定时间
            TimeSpan ts1 = dt1. Subtract(dt2);//计算两个日期之间的差值
            Console. WriteLine(″从{0:D}到{1:D}还有{2}天{3}小时{4}分″,
                dt1, dt2, ts1. Days, ts1. Hours, ts1. Minutes);
        }
    }
}
```

4.8.4　随机数类（System. Random 类）

所谓随机数序列，就是每个成员均在指定范围内随意取值，并且不能根据前 n 个成员推断出第 n + 1 个成员的取值的一个数值序列。软件系统中用到的随机数序列，实际上都是利用一种特殊的算法产生出来的，只能称为伪随机数序列。但对于平常的应用来说，它们的随机程度已经足够了。

C# 中利用从 System. Random 类派生出来的实例对象来产生接近真实的随机数序列，创

建 Random 类对象的语法格式如下：

Random rnd1 = new Random( );   //以系统时间作为随机数种子

Random rnd2 = new Random(seed);   //以 seed 作为随机数种子

其中，seed 是一个 int 型的数值，称为随机数种子，使用同一种子，总能产生相同的随机数序列。若省略种子，则以计算机的系统时间作为种子。由于同一台计算机上不可能多次产生完全相同的系统时间，不同计算机上的系统时间也不可能保持完全一致，所以每次产生的随机数序列会有显著的不同。

Random 类对象用于产生随机数的实例方法见表4-6。

表4-6   Random 类用于产生随机数的实例方法

方 法	重 载 形 式	说 明
Next	rnd. Next( );	返回一个非负的随机整数
	rnd. Next(int maxValue);	返回一个小于 maxValue 的非负随机整数
	rnd. Next(minValue , maxValue);	返回一个 minValue 和 maxValue 之间的随机整数
NextBytes	rnd. NextBytes(byte[ ] buffer);	用随机数序列填充指定字节数组的全部元素
NextDouble	rnd. NextDouble( );	返回一个取值范围为[0.0,1.0)的随机数

调用 Random 类对象的实例方法，可以产生指定范围内的随机整数或小数。

【例4-17】   创建如图4-5所示的 Windows 窗体应用程序，根据提示的猜测数据所在区间，进行猜数游戏。

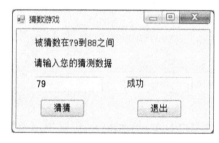

图4-5   猜数游戏

```
namespace ex0417
{
    public partial class Form1 ：Form
    {
        int rdn;      //随机生成的被猜测数据
        int st;       //猜测区间的下限(1 位随机数)
        int end;      //猜测区间的上限(通过计算获取)
        int seln;     //接收输入的猜测数据
        int n;        //猜测次数计数器
        public Form1( )
        {
            InitializeComponent( );
```

```
        mkrdn( ) ;
        n = 0 ;
}
public void mkrdn( )
{
        Random rd = new Random( ) ;
        rdn = rd. Next(10 , 90) ;
        st = rd. Next(10) ;
        end = 9 - st ;
        lbShow. Text = "被猜数在" + (rdn - st). ToString ( ) + "到" +
                (rdn + end). ToString ( ) + "之间" ;
}
private void button2_Click( object sender , EventArgs e )
{
        this. Close( ) ;
}
private void button1_Click( object sender , EventArgs e )
{
        if ( txtInput. Text == " " )
        {
                MessageBox. Show("请输入猜测数","猜猜猜") ;
                return ;
        }
        seln = int. Parse( txtInput. Text) ;
        n ++ ;
        if ( seln == rdn )
        {
                txtResult. Text = "成功" ;
                if ( n  <= 1)
                        MessageBox. Show("您太厉害了,居然一次就猜对了", "厉害!") ;
                else
                        MessageBox. Show("您猜了" + n. ToString ( ) + "次,
                                您猜对了", "还可以") ;
                lbShow. Text = " " ;
                n = 0 ;
                mkrdn( ) ;
        }
        else
        {
```

```
        if (seln > rdn)
                txtResult. Text = "大了";
        else
                txtResult. Text = "小了";
        if (n >=5)
        {
                MessageBox. Show("很遗憾,猜了那么多次都没有猜出来" + "\n"
                    + "不和您玩了,我自己退出!","努力吧");
                this. Close ();
        }
    }
}
}
}
```

习   题

一、单项选择题

1. 下面关于类的描述中,错误的是 (   )。

    A. 类是一组具有相同数据结构和相同操作的对象的集合

    B. 类用于定义对象的可执行操作

    C. 类是对象的模板,对象是类的实例

    D. 对象的实例化不仅仅是使用 new 关键字一种方法

2. 定义类中的字段时,如果没有给出访问修饰符,这些字段的默认修饰符是 (   )。

    A. private   B. public

    C. protected   D. internal

3. 下面的描述中,不正确的是 (   )。

    A. 对象变量是对象的另一引用   B. 对象是类的实例

    C. 对象可以作为其他对象的数据源   D. 对象不可以作为函数的参数传递

4. 下面选项中,关键字修饰的成员在类的外部不能被访问的是 (   )。

    A. const   B. private

    C. define   D. public

5. 在下面所示的函数声明中,(   ) 是重载函数。

    ① void f1 (int);

    ② int f1 (int);

    ③ int f1 (int,int);

    ④ float k (int);

    A. 四个全是   B. ①和④

    C. ②和③   D. ③和④

6. 若一个类命名为 mywidger，则其的默认构造函数形式是（　　）。

   A. new mywidger（）；   B. public class mywidger

   C. public mywidger（）{}；   D. mywidger {}；

7. 构造函数在（　　）被调用。

   A. 创建对象时   B. 类定义时

   C. 使用对象的方法时   D. 使用对象的字段时

8. 下面关于继承的描述中，正确的是（　　）。

   A. 子类将继承父类所有的成员   B. 子类将继承父类的非私有成员

   C. 子类只继承父类 public 成员   D. 子类只继承父类的方法成员

9. 下面关于构造函数的描述中，正确的是（　　）。

   A. 一个类只能有一个构造函数   B. 一个类可以有多个不同名的构造函数

   C. 构造函数与类同名，且允许带参数   D. 构造函数不能被重载

10. 在创建派生类对象时，构造函数的调用情况是（　　）。

   A. 先调用派生类构造函数，然后再调用基类构造函数

   B. 先调用基类构造函数，然后再调用派生类构造函数

   C. 只需要调用基类构造函数

   D. 只需要调用派生类构造函数

二、程序设计题

1. 编制控制台应用程序实现功能：采用递归方法计算从键盘输入的两个正整数的最大公约数和最小公倍数。

2. 创建如图 4-6 所示的 Windows 窗体应用程序，计算矩形的周长和面积。要求在程序中定义一个类，其中包含两个字段用于存储矩形的长和宽，分别定义两个方法用于计算矩形的面积和周长。程序运行时，单击"计算"按钮实现计算功能，单击"退出"按钮结束程序运行。

图 4-6　计算矩形的周长和面积

3. 定义一个 Plus 类，该类中包含 3 个重载了的静态 Sum 方法，3 个方法分别用于计算两个整数、3 个整数及 4 个整数之和。从键盘上输入 4 个数据，依次调用 Plus 类的 Sum 方法进行计算并显示计算结果。

4. 创建一个用于表示学生信息的 Student 类，类中包含的字段有：姓名、学号、语文、外语、数学、物理、化学；类中包含的方法有：构造函数、显示数据方法。创建 Student 类的实例，从键盘输入学生的相关信息，然后将学生信息显示到屏幕上。

5. 创建如图 4-7 所示的 Windows 窗体应用程序，实现简单的四则运算功能。要求在程序中设计一个 myMath 类，其中包含两个字段表示参与计算的数据；包含实现加、减、乘和除运算的方法。程序运行时，在文本框中输入参加运算的数据，选择好计算类别后单击"计算"按钮进行相应计算，并将结果显示到对应文本框中。单击"退出"按钮结束程序运行。

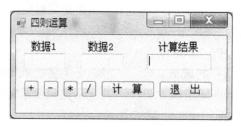

图 4-7　四则运算

第 5 章　数　　组

数组是程序设计中使用的一种重要数据结构。为了能够描述若干同类型的相关变量之间的内在联系，以便合理地使用程序的控制结构对它们进行处理，就需要把相同类型的多个变量按有序的形式组织起来，这些按序排列的相同数据类型存储单元称为数组。在 C# 语言中，数组是一种内置的集合类型。数组中可以包含任意类型的同类变量，在本章中仅对元素是简单类型数据对象的数组进行介绍。

5.1　数组的定义和使用

C# 语言中，数组属于引用数据类型，即数组内容所占用的存储单元是一组连续的内存区域，数组变量的值是这组存储单元的起始地址。数组中使用下标表示数组元素在数组中的位置，依照表示数组元素在数组中位置所需要的下标个数，数组分为：一维数组、多维数组和不规则数组。

5.1.1　数组的定义和初始化

无论是一维数组、多维数组，还是不规则数组，在 C# 语言中对数组的定义都分为两个步骤：定义数组变量；数组变量实例化。所谓数组变量实例化就是使数组变量名与某一组连续的内存单元建立联系，即用数组变量名来表示该组内存单元的首地址。对数组变量实例化的同时还可以对数组元素赋予初始化值，称为数组的初始化。在 C# 语言中，如果实例化数组变量时没有进行显式的初始化，系统会将数组元素初始化为默认值，常用基本数据类型数组元素的默认初始化值见表 5-1。

表 5-1　常用基本数据类型数组元素的默认初始化值

数 据 类 型	默认初始值	数 据 类 型	默认初始值
数值类型	0	字符串类型	null（空值）
字符类型	空格字符	布尔类型	False

1. 一维数组的定义和初始化

一维数组的定义形式如下所示：

```
typeName [ ] arrayName;              //定义一维数组变量名
arrayName = new typeName[ arraySize ];     //实例化一维数组
```

定义形式说明如下。

1）typeName：表示数组的类型，即所有数组元素共同具有的数据类型。

2）[ ]：数组运算符，表示其后面的变量是一个数组变量。

3）arrayName：为数组变量命名，遵循标识符的命名规则。

4）new：创建对象运算符，此处用于创建数组变量实例。

5）arraySize：指定数组的长度，即数组中所含元素的个数。

例如，下面两条语句定义了一个长度为10（具有10个元素）的双精度实型数组 myArray：

    double [ ] myArray；

    myArray = new double[10]；

在定义数组时，定义数组变量和实例化数组变量两个步骤可以合在一起完成，其形式如下所示：

    typeName [ ] arrayName = new typeName[arraySize]；

例如，下面的语句同样定义了一个长度为10（具有10个元素）的双精度实型数组 myArray：

    double [ ] myArray = new double[10]；

在 C# 语言中定义数组时，数组的长度可以用常数表示，也可以用变量表示。例如，下面两条语句同样可以创建一个长度为10（具有10个元素）的双精度实型数组 myArray：

    int mySize = 10；

    double [ ] myArray = new double[mySize]；

数组在定义时可以进行初始化。所谓数组初始化，就是用一个初始化值序列在创建数组时对其数组元素赋值，初始化值序列是一系列用逗号分隔的数据，既可以是常数，也可以是含有变量的表达式。在 C# 语言中规定，初始化值序列中的数据个数必须与数组的长度完全一致。对于显式初始化一维数组，可以有下面的多种语法格式：

1）一维数组初始化形式一：

    typeName [ ] arrayName = new typeName[arraySizie]{初始化值序列}；

例如：

    int [ ] score = new int[10]{1,2,3,4,5,6,7,8,9,10}；

    int x = 5，y = 10；

    int [ ] mySum = new int[x]{y + 1，y − 1，y * y，x * x + y * y，x * x − y * y}；

2）一维数组初始化形式二：

    typeName [ ] arrayName = new typeName[ ]{初始化值序列}；

实例化时不指定数组长度，编译系统用初始化值序列中数据的个数作为数组长度。

例如，语句 "double [ ] score = new double[ ]{1,2,3,4,5}；" 创建了长度为 5 的双精度实型数组 score。

3）一维数组初始化形式三：

    typeName [ ] arrayName = {初始化值序列}；

在数组定义和初始化同时进行的情况下，可以省略书写 new 运算符部分。

例如：

    double [ ] score = {1,2,3,4,5}；

4）一维数组初始化形式四：

    typeName [ ] arrayName；

    arrayName = new typeName[arraySize] = {初始化值序列}；

用先定义数组变量，然后进行数组变量实例化两步方式定义数组时，对数组的初始化仍然可以省略数组长度的指定。

例如：

  int [ ] arr1 ;

  arr1 = new int [ ]{1,2,3,4,5} ; //创建了长度为 5 的整型数组 arr1

2. 多维数组的定义和初始化

多维数组是需要使用多个下标表示数组元素位置的数组。定义多维数组的一般形式：

  typeName [, ,…] arrayName ;

  arrayName = new typeName [size1 , size2 ,…] ;

定义形式说明如下。

1）typeName：表示数组的类型，即所有数组元素共同具有的数据类型。

2）[, ,…]：数组运算符，表示其后面的变量是一个多维数组变量，方括号中可以含有 n 个逗号，表示定义 n + 1 维数组。

3）arrayName：为数组变量命名，遵循标识符的命名规则。

4）new：创建对象运算符，此处用于创建数组变量实例。

5）size1，size2，…：依次指定多维数组每一维上的长度，数组元素的个数等于所有维上的长度乘积。

例如，下面两条语句定义了具有 20 个元素的二维实型数组 myNum：

  double [,] myNum ;

  myNum = new double [2,10] ;

下面两条语句定义了一个具有 125 个元素的三维整型数组 myPoint：

  int [, ,] myPoint ;

  myPoint = new int [5,5,5] ;

在定义多维数组时，定义数组变量和实例化数组变量两个步骤同样可以合在一起完成，其形式如下所示：

  typeName [, ,…] arrayName = new typeName [size1 , size2 ,…] ;

例如，"double [,] myNum = new double [2,10] ;"表示定义了一个具有 20 个元素的二维实型数组 myNum。"int [, ,] myPoint = new int [5,5,5] ;"表示定义了一个具有 125 个元素的三维整型数组 myPoint。

对于多维数组，同样可以在定义它的时候进行初始化。在初始化多维数组时，同样需要按照数组长度的要求提供足够的初始化数据。常用的多维数组初始化形式如下。

1）多维数组初始化形式一：

  typeName [, ,…] arrayName = new typeName[size1 , size2 ,…]

           {以行为单位分组的初始化值序列} ;

在对二维数组初始化时，将数组的一行元素值作为一个单位用大括号进行分组；对三维数组则再用大括号对每一页（平面）进行分组，更高维的数组用同样的方法对每一维的数据分组。下面分别初始化了整型二维数组 myArr2 和单精度实型三维数组 myArr3，以及双精度实型四维数组 myArr4：

  int [,] myArr2 = new int [2,3]{{1,2,3},{4,5,6}} ;

  float [, ,] myArr3 = new float [2,2,2]{{{1,2},{3,4}},{{5,6},{7,8}}} ;

double[,,,] myArr4 = new double[2,2,2,2]{{{{1,2},{3,4}},{{5,6},{7,8}}},
{{{9,10},{11,12}},{{13,14},{15,16}}}};

2）多维数组初始化形式二：

typeName [,,…] arrayName = new typeName[,,…]
{以行为单位分组的初始化值序列};

对多维数组实例化时不指定数组长度，编译系统用初始化值序列中大括号的对数作为依据，进行数组的初始化。下面是整型二维数组 myArr2 和单精度实型三维数组 myArr3，以及双精度实型四维数组 myArr4 初始化形式：

int [,] myArr2 = new int [,]{{1,2,3},{4,5,6}};

float [,,] myArr3 = new float [,,]{{{1,2},{3,4}},{{5,6},{7,8}}};

double[,,,] myArr4 = new double[,,,]{{{{1,2},{3,4}},{{5,6},{7,8}}},
{{{9,10},{11,12}},{{13,14},{15,16}}}};

3）多维数组初始化形式三：

typeName [,,…] arrayName = {以行为单位分组的初始化值序列};

与一维数组相同，在数组的定义和初始化同时进行的情况下，可以省略书写 new 运算符部分。

int [,] myArr2 = {{1,2,3},{4,5,6}};

float [,,] myArr3 = {{{1,2},{3,4}},{{5,6},{7,8}}};

double[,,,] myArr4 = {{{{1,2}, {3,4}},{{5,6},{7,8}}},
{{{9,10},{11,12}},{{13,14},{15,16}}}};

4）多维数组初始化形式四：

typeName [,,…] arrayName;

arrayName = new typeName[size1,size2,…]{以行为单位分组的初始化值序列};

用先定义数组变量，然后进行数组变量实例化两步的方式定义数组时，对数组的初始化仍然可以省略数组各维长度的指定。例如，下面的语句序列定义并初始化了二维数组 myArr2：

int [,] myArr2;

myArr2 = new int [,]{{1,2,3},{4,5,6}};

3. 不规则数组的定义和初始化

C# 语言除了支持上述规则（矩形）的一维数组和多维数组外，还支持各维长度不同的多维数组。这种各维长度不同的数组称为不规则数组或交错数组，也可以称为数组的数组。不同形式的不规则数组定义和实例化形式略有不同，下面以如图 5-1 所示的二维不规则数组 myArr2 和如图 5-2 所示的三维不规则数组 myArr3 为例讨论不规则数组的定义和初始化形式。

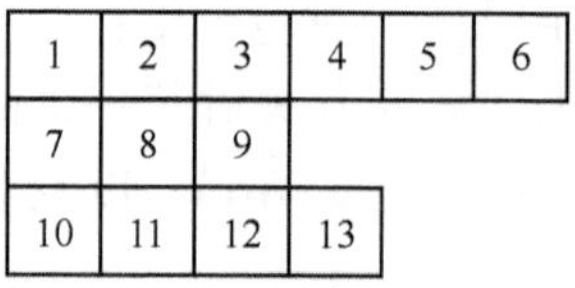

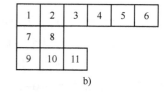

图 5-1　二维不规则数组 myArr2

图 5-2　三维不规则数组 myArr3
a）myArr3 0 号页面　b）myArr3 1 号页面

不规则数组的定义形式：

　　　　typeName [ ][ ][ ]… arrayName；

　　其中，类型名后的方括号个数与数组的维数相关，需要定义多少维的不规则数组就需要多少个方括号来表示。

　　不规则数组的实例化与数组的维数相关，二维不规则数组的实例化要分成两步进行：实例化行数、实例化每行列数；三维不规则数组的实例化要分成三步进行：实例化页面数、实例化每页面行数、实例化每行列数。类似地，对于一个 n 维的不规则数组实例化就要分成 n 步进行。

　　下面的语句序列定义并实例化了如图 5-1 所示的双精度实型二维不规则数组 myArr2：

　　　　double[ ][ ] myArr2；　　　//定义二维不规则数组 myArr2

　　　　myArr2 = new double[3][ ]；　//表示不规则数组有 3 行

　　　　myArr2[0] = new double[6]；//实例化表示第 1 行的一维数组

　　　　myArr2[1] = new double[3]；//实例化表示第 2 行的一维数组

　　　　myArr2[2] = new double[4]；//实例化表示第 3 行的一维数组

　　下面的语句序列定义并实例化了如图 5-2 所示的整型三维不规则数组 myArr3：

　　　　int [ ][ ][ ] myArr3；//定义三维不规则数组 myArr3

　　　　myArr3 = new int [2][ ][ ]；//表示不规则数组有 2 个页面

　　　　myArr3[0] = new int[3][ ]；//表示不规则数组第 1 个页面有 3 行

　　　　myArr3[0][0] = new int[3]；//实例化表示第 1 个页面第 1 行的一维数组

　　　　myArr3[0][1] = new int[6]；//实例化表示第 1 个页面第 2 行的一维数组

　　　　myArr3[0][2] = new int[4]；//实例化表示第 1 个页面第 3 行的一维数组

　　　　myArr3[1] = new int[3][ ]；//表示不规则数组第 2 个页面有 3 行

　　　　myArr3[1][0] = new int[6]；//实例化表示第 2 个页面第 1 行的一维数组

　　　　myArr3[1][1] = new int[2]；//实例化表示第 2 个页面第 2 行的一维数组

　　　　myArr3[1][1] = new int[3]；//实例化表示第 2 个页面第 3 行的一维数组

　　不规则数组的初始化通过对不规则数组的每一行初始化来实现。不规则数组的每一行实质上就是一个指定长度的一维数组，可以反复使用前面讨论过的一维数组初始化方式对不规则数组的每一行进行初始化。

　　下面的语句序列定义、实例化并初始化了如图 5-1 所示的双精度实型二维不规则数组 myArr2：

　　　　double[ ][ ] myArr2；

　　　　myArr2 = new double[3][ ]；

　　　　myArr2[0] = new double[6]{1,2,3,4,5,6}；

　　　　myArr2[1] = new double[3]{7,8,9}；

　　　　myArr2[2] = new double[4]{10,11,12,13}；

　　下面的语句序列定义、实例化并初始化了如图 5-2 所示的整型三维不规则数组 myArr3：

　　　　int [ ][ ][ ] myArr3；

　　　　myArr3 = new int [2][ ][ ]；

　　　　myArr3[0] = new int[3][ ]；

```
myArr3[0][0] = new int[3]{1,2,3};
myArr3[0][1] = new int[6]{4,5,6,7,8,9};
myArr3[0][2] = new int[4]{10,11,12,13};
myArr3[1] = new int[3][];
myArr3[1][0] = new int[6]{1,2,3,4,5,6};
myArr3[1][1] = new int[2]{7,8};
myArr3[1][1] = new int[3]{9,10,11};
```

5.1.2 数组元素值的引用

C# 语言规定，一般情况下数组不能作为一个整体参加数据处理，而只能通过处理每一个数组元素达到处理数组的目的，数组元素在程序中使用下标变量的形式表示。从某种意义上说，定义数组就是一次性同时定义了若干个同类型的变量，其目的是在描述每一个变量值的同时描述出这些变量之间的关系。作为变量个体而言，下标变量与它同类型的普通变量（简单变量）是等价的，即数组的下标变量和普通变量的用法是相同的。在程序中，凡是普通变量可以出现的地方，下标变量也可以出现。

1. 一维数组元素值的引用

一维数组元素值引用的一般形式：

arrayName[suffix];

其中，suffix 表示下标，也称为数组元素的索引。下标值表示了该数组元素在数组中的排列序号。C# 语言规定下标从 0 开始编号，一个长度为 n 的一维数组下标编号为 $0 \sim n-1$。

【例5-1】 创建控制台应用程序实现功能：从键盘上输入 10 个整数，求其中的最大值、最小值以及它们的平均值。

```
namespace ex0501
{
    class Program
    {
        static void Main(string[] args)
        {
            int minV, maxV, sumV;
            double averV;
            int[] digit = new int[10];
            Console.WriteLine("请输入 10 个整型数据:");
            for (int i = 0; i < 10; i++)
                digit[i] = int.Parse(Console.ReadLine());
            minV = maxV = sumV = digit[0];
            for (int i = 1; i < 10; i++)
            {
                sumV += digit[i];
                if (digit[i] > maxV)
```

$$maxV = digit[i];$$
$$else\ if\ (digit[i]\ <\ minV)$$
$$minV = digit[i];$$
}
$$averV = (double)sumV \diagup 10;$$
Console. WriteLine("最小值:{0},最大值{1},平均值{2}",
　　　　minV, maxV, averV);
Console. ReadLine();
　　}
　}
}

上面程序中，首先通过一重循环输入数组 digit 的所有元素值，并假设最大值、最小值都是第一个数组元素 digit [0]，同时用其设置 sumV 的起始值，然后，通过循环依次取出数组从第 2 个元素（1 号元素）开始的所有元素进行下面的操作：

1）将元素值累加到存放"和"数值的变量 sumV。

2）如果元素值大于 maxV，则用该元素值替换 maxV 值。

3）如果元素值小于 minV，则用该元素值替换 minV 值。

然后，通过表达式"(double)sumV/10"计算出所有元素的平均值，最后，按要求输出最小值、最大值和平均值。

2. 多维数组元素值的引用

多维数组元素引用的一般形式：

arrayName[suffix1, suffix2, …];

其中，suffix 表示数组元素的下标，下标的个数与数组的维数相当，每一维的下标值均从 0 开始编号。

【例 5-2】 创建控制台应用程序实现功能：输入一个二维数组的所有元素值，然后将其行和列的元素互换，存到另一个二维数组中。

```
namespace ex0502
{
    class Program
    {
        static void Main(string[] args)
        {
            int[,] arrA = new int[2, 3], arrB = new int[3, 2];
            for (int i = 0; i < 2; i++)
                for (int j = 0; j < 3; j++)
                    arrA[i, j] = int. Parse(Console. ReadLine());
            for (int i = 0; i < 2; i++)
            {
                for (int j = 0; j < 3; j++)
```

```
                    {
                        Console. Write ( "{0,5:d}", arrA[i, j]);
                        arrB[j, i] = arrA[i, j];
                    }
                    Console. WriteLine();
                }
                Console. WriteLine();
                for ( int i = 0; i < 3; i++)
                {
                    for ( int j = 0; j < 2; j++)
                    {
                        Console. Write ( "{0,5:d}", arrB[i, j]);
                    }
                    Console. WriteLine();
                }
                Console. ReadLine();
            }
        }
}
```

上面程序中，首先使用二重循环方式输入数组 arrA 的所有元素值，然后在使用二重循环输出 arrA 数组中 i 行 j 列元素的同时，通过表达式"arrB[j,i] = arrA[i,j];"将 arrA 数组的 i 行 j 列元素值赋给 arrB 数组的 j 行 i 列元素，最后通过二重循环的形式输出 arrB 数组所有元素值。

3. 不规则数组元素值的引用

不规则数组元素引用的一般形式：

arrayName[suffix1][suffix2]…;

其中，suffix 表示数组元素的下标，下标的个数与数组的维数相当，每一维的下标值均从 0 开始编号。

【例 5-3】 创建控制台应用程序，打印如图 5-3 所示的杨辉三角形前 10 行。

```
namespace ex0503
{
    class Program
    {
        static void Main(string[] args)
        {
            const int k = 10;
            int[][] Yh = new int[k][];
            for ( int i = 0; i < 10; i++)
```

```
1
1  1
1  2  1
1  3  3  1
1  4  6  4  1
1  5  10  10  5  1
1  6  15  20  15  6  1
1  7  21  35  35  21  7  1
1  8  28  56  70  56  28  8  1
1  9  36  84  126  126  84  36  9  1
```

图 5-3 杨辉三角形前 10 行数据

```
            {
                Yh[i] = new int[i+1];
                Yh[i][0] = 1;
                Yh[i][i] = 1;
            }
            for (int i = 2; i < k; i++)
                for (int j = 1; j < i; j++)
                    Yh[i][j] = Yh[i-1][j-1] + Yh[i-1][j];
            for (int i = 0; i < k; i++)
            {
                for (int j = 0; j <= i; j++)
                    Console.Write("{0,5:d}", Yh[i][j]);
                Console.WriteLine();
            }
            Console.ReadLine();
        }
    }
}
```

5.1.3　用 foreach 语句遍历数组

C# 语言中，为了方便遍历集合中的每一个元素，提供了一种特殊的 foreach 语句用于构成循环。数组属于集合类型，可以用 foreach 语句依次访问数组的每一元素。用 foreach 访问数组所有元素的一般形式：

```
foreach (typeName Variable in arrayName)
        statement;
```

定义形式说明如下。

1) typeName Variable：定义用于遍历数组的变量（Variable），其数据类型与被遍历的数组相同，该变量值只用于读取，不能被修改。

2) in：foreach 语句中必选的关键字。

3) arrayName：表示被遍历的数组。

4) statement：对数组的每一个元素具体进行的操作。

【例 5-4】　创建控制台应用程序，使用 foreach 语句输出一维数组和二维数组所有元素值。

```
namespace ex0504
{
    class Program
    {
        static void Main(string[] args)
        {
```

```
        int[ ] A = { 1, 2, 3, 4, 5, 6, 7, 8, 9, 10 };
        int[ , ] B = { { 6, 7, 8, 9, 10 }, { 1, 2, 3, 4, 5 } };
        foreach ( int vA in A)
            Console . Write ( "{0,5:d}",vA);
        Console. WriteLine( );
        foreach ( int vB in B)
            Console . Write ( "{0,5:d}",vB);
        Console. ReadLine( );
            }
        }
}
```

上面程序执行的结果：

     1   2   3   4   5   6   7   8   9   10   6   7   8   9   10   1   2   3   4   5

【例 5-5】 创建控制台应用程序，使用 foreach 语句统计一组数中奇数和偶数的个数。

```
namespace ex0505
{
    class Program
    {
        static void Main( string[ ] args)
        {
            int oddDigit = 0, evenDigit = 0;
            int[ ] myArr = { 23, 3, 34, 5, 6, 7867, 3, 546, 787, 87, 67, 45, 4, 3434 };
            foreach ( int x in myArr)
            {
                if ( x % 2 == 0)
                    evenDigit ++ ;
                else
                    oddDigit ++ ;
            }
            Console. WriteLine( "奇数的个数:{0,5:d},偶数的个数:{1,5:d}",
                            oddDigit, evenDigit);
            Console. ReadLine( );
        }
    }
}
```

上面程序执行的结果：

    奇数的个数：   9,偶数的个数：   5

    通过两个程序与前面关于数组访问的例子比较，可以看出：利用 foreach 语句可以非常容易地实现依次访问数组的所有元素，而且在对数组的操作中既不需要数组中的元素直接参加，也不需要事先知道数组的长度。

5.1.4　数组元素值的随机生成

为了能够在学习程序设计的过程中深刻体会被处理数据的多样性和不可见性，有必要用某种方法来模拟所处理的数据，在程序中随机生成所处理的数据就是一种比较好的数据模拟方法。在 C# 语言中，产生随机数的方法由系统的 Random 类提供，产生随机数据需要定义一个 Random 类的对象，定义好 Random 类对象后，通过该对象调用产生随机数的方法即可产生所需要的随机数，常用的随机数产生方法见表 4-6。

【例 5-6】　创建控制台应用程序实现功能：随机生成 20 个 3 位以内的整数序列存放在数组中，然后按每行 10 个数据的形式输出所有数组元素。

```
namespace ex0506
{
    class Program
    {
        static void Main(string[] args)
        {
            int[] randArr = new int[20];
            Random rV = new Random();        //定义 Random 类对象 rV
            for(int i = 0; i < 20; i++)
                randArr[i] = rV.Next() % 1000;
            for(int i = 0; i < 20; i++)
            {
                if(i % 10 == 0)              //控制每行输出 10 个数据
                    Console.WriteLine();
                Console.Write("{0,5:d}", randArr[i]);
            }
            Console.ReadLine();
        }
    }
}
```

【例 5-7】　创建控制台应用程序实现功能：随机生成 5 行 20 列二维实型数组的所有元素值，并求出所有元素的平均值。

```
namespace ex0507
{
    class Program
    {
        static void Main(string[] args)
        {
            int i, j, row = 5, col = 20;
```

```
double[ , ] myArr = new double[ row, col];
double sumV = 0;
Random rV = new Random( );
for( i = 0; i < row; i ++ )
    for ( j = 0; j < col; j ++ )
    {
        myArr[ i, j] = rV. NextDouble( ) * 100;
        sumV += myArr[ i, j];
        Console. Write( " {0,8:f3} ", myArr[ i, j]);
    }
Console. WriteLine( "元素的平均值为: {0,10:f3} ", sumV / ( row * col));
Console. ReadLine( );
        }
    }
}
```

程序通过表达式"rV. NextDouble( ) * 100"产生整数部分为两位的随机实型数据，输出这些随机数并对其求和，最后通过表达式"sumV/(row * col)"求出所有元素的平均值并输出。

5.2 数组的常用属性和方法

在 C# 中，数组实质上是一个 System. Array 类的对象。在 System. Array 类中，提供了许多可以直接在数组操作中使用的属性和方法，本小节将介绍其中最常用的数组属性和方法。

5.2.1 数组的 Length 属性和 Rank 属性

数组的 Length 属性用于表示数组元素的个数，在数组变量实例化时，该属性值被初始化。该属性是数组的一个只读属性，即在使用过程中不能对该属性值进行修改。使用该属性值操作数组元素，可以避免操作数组下标越界的情况出现。

例如，操作数组有可能书写出下面的程序段：

```
int [ ] myArray = new int[ 10];
for( int i = 0; i < 20; i ++ )
    myArray[ i] = 1;
```

这段代码的本意是要将一个整型数组 A 的所有元素置 1，但执行这段代码会出现异常。出现异常的原因是代码段中企图访问数组中不存在的数组元素 myArray [10] ~ myArray [19]。

对于数组 myArray 而言，其下标的表示范围应该在 0 到 myArray. Length − 1 之间，如果用下面的代码段的形式访问数组 myArray，则可以避免出现这个问题：

```
for( int i = 0; i < myArray. Length; i ++ )
    myArray[ i] = 1;
```

数组的 Rank 属性表示规则数组的维数。例如，有下列数组定义：

    int [ ] A1 = new int [10]；

    double [,] A2 = new double[5,10]；

    float [, ,] A3 = new float[2,5,10]；

则 A1. Rank、A2. Rank 和 A3. Rank 的值分别为：1、2、3。

对于不规则数组，实质上是数组的数组。在这种数组的概念中，一个 n 维不规则数组可以认为是一个一维数组，只不过它的每一个元素本身是一个 n-1 维数组。例如，二维不规则数组被认为是用一维数组作为数组元素的一维数组。基于这种原因，所有不规则数组的 Rank 属性值都是 1。例如，有不规则数组定义如下：

    int[ ][ ] myArr2 = new int[3][ ]；

    double [ ][ ][ ] myArr3 = new int[2][ ][ ]；

则 myArr2. Rank 和 myArr3. Rank 的值都是 1。

【例 5-8】 创建控制台应用程序，测试并理解常见的各类数组 Length 属性和 Rank 属性。

```
namespace ex0508
{
    class Program
    {
        static void Main(string[ ] args)
        {
            int[ ] A1 = {1,2,3,4,5,6,7,8,9,10};
            int[ , ] A2 = {{1,2,3,4,5},{6,7,8,9,10}};
            int[ , , ] A3 = {{{1,2},{3,4},{5,6}},{{7,8},{9,10},{11,12}}};
            int[ ][ ] A4 = new int[3][ ];
            int[ ][ ][ ] A5 = new int[2][ ][ ];
            A4[0] = new int[ ] { 1, 2, 3 };
            A4[1] = new int[ ] { 4, 5 };
            A4[2] = new int[ ] { 6, 7, 8, 9, 10 };
            Console. Write("A1 的维数:{0}, ",A1. Rank);
            Console. WriteLine("A1 的长度:{0}",A1. Length);
            Console. Write("A2 的维数:{0}, ",A2. Rank);
            Console. WriteLine("A2 的长度:{0}",A2. Length);
            Console. Write("A3 的维数:{0}, ",A3. Rank);
            Console. WriteLine("A3 的长度:{0}",A3. Length);
            Console. Write("A4 的维数:{0}, ",A4. Rank);
            Console. WriteLine("A4 的长度:{0}",A4. Length);
            Console. Write("A4[0]的长度:{0}, ",A4[0]. Length);
            Console. Write("A4[1]的长度:{0}, ",A4[1]. Length);
            Console. WriteLine("A4[2]的长度:{0}",A4[2]. Length);
```

```
Console. WriteLine("A5 的维数:{0}",A5. Rank);
        Console. ReadLine();
    }
}
}
```

上面程序运行的结果如下。

A1 的维数:1,A1 的长度:10

A2 的维数:2,A2 的长度:10

A3 的维数:3,A3 的长度:12

A4 的维数:1,A4 的长度:3

A4[0]的长度:3,A4[1]的长度:2,A4[2]的长度:5

A5 的维数:1

从程序运行的结果可以看出，对于规则的数组（无论是多少维），数组的长度属性 Length 值表示的是整个数组具有的元素个数。而对于不规则数组来说，数组本身的长度属性值表示的是不规则数组最高维的长度，如上面程序中数组 A4 的长度是 3。如果需要测出二维不规则数组每一行的长度，应该使用表示不规则数组某行的形式，如 A4 [1] . Length 表示不规则数组 A4 中第 2 行的元素个数。对于数组的 Rank 属性来说，规则数组的 Rank 属性值即是该数组的维数，无论多少维的不规则数组，Rank 属性值均为 1。

5.2.2 数组的 Clone 方法

对数组而言，一般情况下都不能将其作为整体操作，而只能通过操作所有数组元素达到操作数组的目的。对于常见的数组复制工作，可以采用循环依次复制数组元素的方法进行。例如，下面程序段分别实现了一维数组和二维数组的复制工作。

```
//下面代码段实现一维数组的复制
double[] A1 = {1,2,3,4,5,6,7,8,9,10};    //源数组
double[] B1;    //定义目标数组变量
B1 = new double[10];    //目标数组实例化(必须进行)
for (int i =0; i < A1. Length; i ++)    //常规方式复制一维数组
    B1[i] = A1[i];
//下面代码段实现二维数组的复制
int[,] A2 = {{1,2,3,4,5},{6,7,8,9,10}};    //源数组
int[,] B2;    //定义目标数组变量
B2 = new int[2,5];    //目标数组实例化(必须进行)
for (int i =0; i < 2; i ++)    //常规方式复制二维数组
    for (int j =0; j < 5; j ++)
        B2[i,j] = A2[i,j];
```

数组的复制是在程序设计中经常使用的操作，C# 语言提供了 Clone（克隆）方法对这类操作进行支持。数组的 Clone 方法实现对数组的整体复制，即将源数组复制生成目标数组。使用 Clone 方式复制数组时，并不要求克隆生成的目标数组事先进行实例化。Clone 方

法调用格式如下所示：

　　　　targetArrayName = (arrayType) sourceArrayName. Clone( ) ;

调用格式说明如下。

1) targetArrayName：表示克隆生成的目标数组名，需要事先定义（不需要实例化）。

2) sourceArrayName：表示用于克隆的源数组名。

3) arrayType：表示克隆的数组类型（表示数组的类型和维数）。

下面程序段分别使用 Clone（克隆）方法实现了一维数组和二维数组的复制工作。

```
//下面代码段实现一维数组的复制
double[ ] A1 = { 1, 2, 3, 4, 5, 6, 7, 8, 9, 10 };        //源数组
double[ ] B1;        //定义目标数组变量
B1 = ( double[ ] ) A1. Clone( );        //使用 Clone 方法实现一维数组复制
//下面代码段实现二维数组的复制
int[ , ] A2 = { { 1, 2, 3, 4, 5 }, { 6, 7, 8, 9, 10 } };        //源数组
int[ , ] B2;        //定义目标数组变量
B2 = ( int[ , ] ) A2. Clone( );        //使用 Clone 方法实现二维数组复制
```

【例5-9】　创建控制台应用程序，演示数组 Clone（克隆）方法的使用。

```
namespace ex0509
{
    class Program
    {
        static void Main( string[ ] args)
        {
            double[ ] A1 = { 1, 2, 3, 4, 5, 6, 7, 8, 9, 10 };
            int[ , ] A2 = { { 1, 2, 3, 4, 5 }, { 6, 7, 8, 9, 10 } };
            double[ ] B1, B2;
            B1 = new double[10];
            int[ , ] B3, B4;
            B3 = new int[2, 5];
            for ( int i = 0; i < A1. Length; i ++ )        //常规方式复制一维数组
                B1[i] = A1[i];
            for ( int i = 0; i < 2; i ++ )        //常规方式复制二维数组
                for ( int j = 0; j < 5; j ++ )
                    B3[i, j] = A2[i, j];
            Console. WriteLine( "下面输出用常规方式复制的数组值:");
            for ( int i = 0; i < B1. Length; i ++ )        //输出一维数组
                Console. Write( "{0} ", B1[i]);
            Console. WriteLine( );
            for ( int i = 0; i < 2; i ++ )        //输出二维数组
            {
```

```
            for (int j = 0; j < 5; j ++)
                Console. Write("{0} ", B3[i, j]);
            Console. WriteLine();
        }
        B2 = (double[]) A1. Clone();      //使用 Clone 方法复制一维数组
        B4 = (int[,]) A2. Clone();        //使用 Clone 方法复制二维数组
        Console. WriteLine("下面输出用克隆(Clone)方式复制的数组值:");
        for (int i = 0; i < B2. Length; i ++)      //输出克隆的一维数组
            Console. Write("{0} ", B2[i]);
        Console. WriteLine();
        for (int i = 0; i < 2; i ++)        //输出克隆的二维数组
        {
            for (int j = 0; j < 5; j ++)
                Console. Write("{0} ", B4[i, j]);
            Console. WriteLine();
        }
        Console. ReadLine();
    }
  }
}
```

上面程序执行后的输出结果如下。

下面输出用常规方式复制的数组值:
1 2 3 4 5 6 7 8 9 10
1 2 3 4 5
6 7 8 9 10
下面输出用克隆(Clone)方式复制的数组值:
1 2 3 4 5 6 7 8 9 10
1 2 3 4 5
6 7 8 9 10

5.2.3 数组的 CopyTo 方法

数组的 CopyTo 方法实现的功能也是数组复制，其调用格式如下:

sourceArrayName. CopyTo(targetArrayName, Index);

调用格式说明如下。

1) sourceArrayName: 表示用于复制的源数组名。

2) targetArrayName: 表示用于接收复制数据的目标数组名，必须定义并实例化。

3) Index: 源数组内容在目标数组中存放的起始位置（用下标序号表示）。

数组的 Clone 方法和 CopyTo 方法都可以实现数组元素值的复制操作。CopyTo 方法与 Clone 方法不同之处有如下两点:

1）目标数组在使用 Clone 方法时不要求被实例化，而使用 CopyTo 方法时，目标数组必须是实例化后的数组。

2）Clone 方法复制生成的目标数组与源数组完全相同，而使用 CopyTo 方法可以在目标数组中指定被复制内容存放的开始位置。例如，下面的代码段实现从数组 B 的 2 号（第 3 个）元素存放数组 A 的所有元素值。

```
int[] A = { 1, 2, 3, 4, 5 };
int[] B;
B = new int[10];
A. CopyTo(B, 2);
```

上面代码段执行后，数组 B 的元素值为：

```
0  0  1  2  3  4  5  0  0  0
```

【例 5-10】　创建控制台应用程序，实现连接两个数组内容的功能。

```
namespace ex0510
{
    class Program
    {
        static void Main(string[] args)
        {
            int[] A1 = { 1, 2, 3, 4, 5 };
            int[] A2 = { 6, 7, 8, 9, 10 };
            int[] B;
            B = new int[A1. Length + A2. Length];      //B 的长度实例化为 A1、A2 长度
                                                       之和
            A1. CopyTo(B, 0);      //将 A1 数组的元素复制到 B 的前 5 个元素位置
            A2. CopyTo(B, 5);      //将 A2 数组的元素复制到 B 的后 5 个元素位置
            Console. WriteLine("下面输出 A1 数组和 A2 数组连接后的内容：");
            for (int i = 0; i < B. Length; i++)
                Console. Write("{0,3:d} ", B[i]);
            Console. ReadLine();
        }
    }
}
```

程序执行后的输出结果如下。

下面输出 A1 数组和 A2 数组连接后的内容：

```
1  2  3  4  5  6  7  8  9  10
```

5.2.4　数组的 Reverse 方法

将数组的元素值在原数组中颠倒存放是数组（特别是一维数组）经常进行的操作。一维数组的颠倒操作可以通过下面的代码段实现：

```
int[ ] A = { 1, 2, 3, 4, 5, 6, 7, 8, 9, 10 };
int t;
for ( int i = 0, j = A. Length – 1; i < j; i + + , j – – )
{   t = A[ i ];
    A[ i ] = A[ j ];
    A[ j ] = t;
}
```

C# 中提供了数组的颠倒方法 Reverse 实现上面代码同样的功能。Reverse 方法调用的一般形式：

    Array. Reverse(arrayName, start, length);

说明如下。

1）arrayName：表示被颠倒存放所有元素值的数组。

2）start：数组中颠倒存放的起始位置（下标号）。

3）length：数组中颠倒存放的数据个数（长度）。

4）如果省略参数 start 和 length，表示颠倒存放整个数组；

例如，下面的代码段表示将整型数组 A 的所有元素颠倒存放。

    int[ ] A = { 1, 2, 3, 4, 5, 6, 7, 8, 9, 10 };
    Array. Reverse(A);

颠倒后 A 数组中的数据为：10 9 8 7 6 5 4 3 2 1

例如，下面的代码段表示将整型数组 A 从第 3 个元素（2 号元素）开始颠倒存放 4 个元素。

    int[ ] A = { 1, 2, 3, 4, 5, 6, 7, 8, 9, 10 };
    Array. Reverse(A, 2, 4);

颠倒后 A 数组中的数据为：1 2 6 5 4 3 7 8 9 10

比较两种方法可见，使用由 Array 类提供的数组颠倒方法 Reverse 实现一维数组的颠倒操作非常简单。

【例 5-11】 创建 Windows 窗体应用程序，设计如图 5-4 所示的窗体界面。在表示十进制数的文本框中输入被转换的十进制数据，单击"转换"按钮进行转换并将转换后的二进制值显示在表示二进制数据的文本框中。如果没有输入被转换的十进制数据就单击"转换"按钮，程序用消息框显示出错信息。单击"清除"按钮清除两个文本框中的数据，单击"退出"按钮结束程序运行。

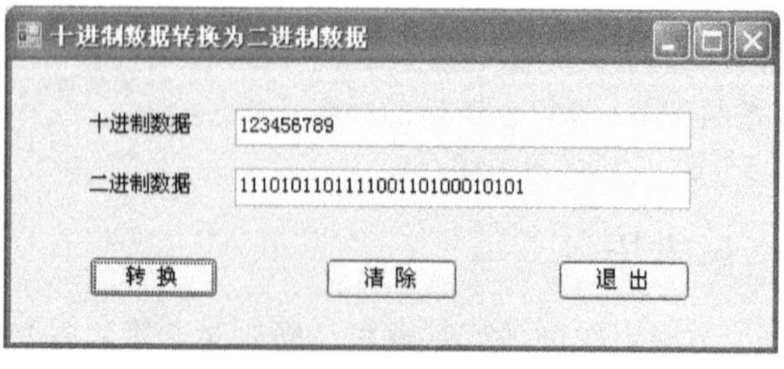

图 5-4 例 5-11 窗体界面

"退出"按钮单击事件的响应过程代码如下。

```
private void btnExit_Click( object sender, EventArgs e)
{
    Application. Exit( ) ;
}
```

"清除"按钮单击事件的响应过程代码如下。

```
private void btnClear_Click( object sender, EventArgs e)
{
    txtBin. Text = "" ;
    txtDeci. Text = "" ;
}
```

"转换"按钮单击事件的响应过程代码如下。

```
private void btnTrans_Click( object sender, EventArgs e)
{
    if ( txtDeci. Text == "")
    {
        MessageBox. Show("请先输入被转换的十进制数据!","错误");
        return ;
    }
    uint n = uint. Parse( txtDeci. Text) ;
    char[ ] arrBinary = new char[32];     //32 位系统,二进制数据长度为 32 位
    uint bit, i = 0;     //bit 表示每次取出的余数,i 表示存放余数的数组位置
    do
    {
        bit = n % 2 ;
        arrBinary[ i ++ ] = ( char) ( bit + '0') ;
        n /= 2 ;
    } while ( n! = 0) ;
    Array. Reverse ( arrBinary) ;     //将存放余数的数组颠倒,得到转换后的数据形式
    for( i = 0;i < arrBinary. Length ;i ++ )
        txtBin. Text += arrBinary[ i ] ;
}
```

　　在上面的程序代码中,"退出"按钮单击事件的响应过程和"清除"按钮单击事件的响应过程都非常简单,读者可自行分析。

　　十进制到二进制的转换,可以使用"除 2 取余法"。上面的程序中,两条语句实现"除 2 取余"的功能,它们是"bit = n % 2;"和"n /= 2;"。

　　除 2 取余的操作一直进行,直到数据转换完成(表示转换的数据 n 值等于 0 时)。每次取出的余数通过表达式"(char)(bit + '0')"转换成数字字符后放入存放转换结果的字符数组 arrBinary 中。由于最先取出的是二进制数据的最低位,最后取出的是二进制数据的最高

位，所以在转换完成后需要通过语句"Array. Reverse(arrBinary);"将 arrBinary 中的内容颠倒存放才是正确的转换数据。最后通过循环控制将 arrBinary 数组中的每一个元素依次取出，将其连接到表示二进制数据的文本框 txtBin 的 Text 属性上实现数据的输出。

5.2.5　数组的 Sort 方法

在数组的使用过程中，排序是一种常见的操作。C# 语言中为数组提供了排序方法 Sort。排序方法 Sort 调用的一般形式：

　　　Array. Sort(arrayName);

其中，arrayName 表示被排序的数组。

【例 5-12】　创建控制台应用程序，对一组随机产生的整型数据使用数组的 Sort 方法按升序排序。

```
namespace ex0512
{
    class Program
    {
        static void Main(string[] args)
        {
            const int N = 10;
            int i, j, t;
            int[] A = new int[N];
            Random rV = new Random();
            for (i = 0; i < N; i ++)        //随机产生数组元素
                A[i] = rV. Next() % 100;
            for (i = 0; i < N; i ++)        //输出排序前数组
                Console. Write("{0,5:d}", A[i]);
            Console. WriteLine();
            Array. Sort(A);        //调用 Sort 方法对数组 A 排序
            for (i = 0; i < N; i ++)        //输出排序后数组
                Console. Write("{0,5:d}", A[i]);
            Console. ReadLine();
        }
    }
}
```

需要注意的是，使用 Sort 方法只能对数组按升序排序。如果程序要求实现降序排序，可以在对数组调用 Sort 方法后，再对其调用 Reverse 方法。

【例 5-13】　创建控制台应用程序实现功能：随机产生一个 4 行 10 列二维整型数组的所有元素值，然后对其奇数行按升序排序，偶数行按降序排序，输出排序后的二维数组。

```
namespace ex0513
{
```

```
class Program
{
    static void Main( string[ ] args)
    {
        int i, j, row = 4, col = 10;
        int[ ][ ] myArr = new int[ row ][ ];
        for( i = 0 ; i < row ; i ++ )
            myArr[ i ] = new int[ col ] ;
        Random rV = new Random( ) ;
        for ( i = 0 ; i < row; i ++ )
            for ( j = 0 ; j < col; j ++ )
                myArr[ i ][ j ] = rV. Next( ) % 100 ;
        for ( i = 0 ; i < myArr. Length; i += 2 )    //奇数行按升序排序
            Array. Sort( myArr[ i ] ) ;
        for ( i = 1 ; i < myArr. Length; i += 2 )    //偶数行按降序排序
        {
            Array. Sort( myArr[ i ] ) ;
            Array. Reverse( myArr[ i ] ) ;
        }
        for ( i = 0 ; i < row; i ++ )
        {
            for ( j = 0 ; j < col; j ++ )
                Console. Write( "{0,5:d}", myArr[ i ][ j ] ) ;
            Console. WriteLine( ) ;
        }
        Console. ReadLine( ) ;
    }
}
```

程序某次执行的结果如下（因为数据随机产生，每次执行结果不同）：

```
19   22   32   49   58   71   79   95   96   99
83   78   58   48   46   34   29   19   19   13
 1    6   14   16   41   42   63   75   91   93
74   74   66   64   55   51   28   27   26   17
```

5. 2. 6　数组的 BinarySearch 方法

数组的使用过程中，查找也是一种常见的操作。C# 语言中为数组提供了二分查找方法 BinarySearch。查找方法 BinarySearch 调用的一般形式：

Array. BinarySearch(arrayName, key) ;

说明如下。

1）arrayName：表示被查找的数组，要求数组是排过序的。

2）key：表示在数组中查找的关键字值。

BinarySearch 方法的返回值是一个整型数据，有下面两种情况：

1）返回值是 0 或者正值，表示在数组中找到了关键字值，返回值表示该关键字在数组中的序号（下标）。

2）返回值是负值，表示数组中没有被查找的关键字值。

【例 5-14】 创建控制台应用程序，演示数组查找方法 BinarySearch 的使用。

```
namespace ex0514
{
    class Program
    {
        static void Main(string[] args)
        {
            int[] randArr = new int[10];
            Random rV = new Random();
            for (int i = 0; i < 10; i++)
                randArr[i] = rV.Next() % 100;
            Array.Sort(randArr);        //调用 Sort 方法对数组进行升序排序
            foreach (int v in randArr)
                Console.Write("{0,5:d}", v);
            Console.WriteLine();
            Console.Write("请输入查找的关键字值:");
            int key = int.Parse(Console.ReadLine());
            int pos = Array.BinarySearch(randArr, key);
            if (pos >= 0)        //如果 BinarySearch 方法的返回值大于或等于 0
                Console.WriteLine("randArr[{0}] = {1}", pos, key);
            else        // BinarySearch 方法的返回值是负值
                Console.WriteLine("关键字'{0}'不在数组中!", key);
            Console.ReadLine();
        }
    }
}
```

上面程序中，首先随机生成一个一维数组并用 Sort 方法对其排序，然后输入查找的关键字 key 值，通过调用 Array.BinarySearch（randArr，key）方法实现在数组 randArr 中查找关键字 key。用 if 语句对 BinarySearch 调用的返回值进行判断，当返回值大于或等于 0 时，输出关键字在数组中的位置，否则输出相应的提示信息。

5.3 数组参数和参数数组 （＊）

5.3.1 数组参数

数组在存储时有序地占用一片连续的内存区域，数组的名字表示这段存储区域的首地址。用数组名作为方法参数实现的是"引用参数调用"，其本质是在方法调用期间，实际参数数组将它的全部存储区域或者部分存储区域提供给形式参数数组共享，即形式参数数组与实际参数数组是同一存储区域。

【例 5-15】 创建控制台应用程序，程序中设计一个求和方法，并通过调用该方法计算数组元素值的和。

```
namespace ex0515
{
    class Program
    {
        static void Main( string[ ] args)
        {
            int[ ] a = { 1, 2, 3, 4, 5, 6, 7, 8, 9, 10 };
            Console. WriteLine("数组元素的和是:{0}", sum(a, 10));
        }
        static int sum( int[ ] v, int n)
        {
            int i, s = 0;
            for (i = 0; i < n; i++)
                s += v[ i ];
            return s;
        }
    }
}
```

在上面程序的主方法中，通过 sum （a，10）调用 sum 方法，调用时将数组 a 起始地址传递给 sum 方法的数组参数 v，在被调用方法 sum 中通过 v 参数操作实际参数数组 a 的数据。程序执行后的输出结果：

数组元素的和是：55

【例 5-16】 创建控制台应用程序，程序中设计一个求二维数组中最大元素值的方法，并通过调用该方法求数组 a 的最大元素值。

```
namespace ex0516
{
    class Program
    {
```

```
static void Main(string[] args)
{
    int[,]a = new int[3,4]{{38,23,56,9},{56,2,789,45},{76,7,45,34}};
    Console.WriteLine("二维数组中的最大元素值为：{0}", max(a, 3, 4));
}
static int max(int[,] v, int m, int n)
{
    int i, j, maxv;
    maxv = v[0,0];
    for (i = 0; i < m; i++)
        for (j = 0; j < n; j++)
            if (v[i,j] > maxv)
                maxv = v[i,j];
    return maxv;
}
}
```

上面程序的主方法中通过方法调用 max(a,3,4)将数组 a 及行列数传递到方法 max 中。程序执行输出的结果：

二维数组中的最大元素值为：789

5.3.2　参数数组

参数数组就是用关键字 params 声明的数组参数，为了避免与数组参数混淆，通常称其为 params 数组。通过在方法的参数中声明 params 数组可以实现参数个数可变的方法。下面通过设计求 2 到若干个实型数据中最小值的方法来介绍 params 数组的使用方法。

【例 5-17】　创建控制台应用程序，在程序中实现能够在 2 到若干个实型数据中寻找最小值的方法。

```
namespace ex0517
{
    class Program
    {
        static void Main(string[] args)
        {
            Console.WriteLine("2 个数中的最小值是:{0,10:f5}", min(12.43, 234.7));
            Console.WriteLine("7 个数中的最小值是:{0,10:f3}", min(12.43, 234.7,
                             2.5, 3, 5, 89.8, 123.889));
            Console.WriteLine("5 个数中的最小值是:{0,10:f3}", min(23.3, 23.8, 23,
                             08, 12.43, 234.7));
        }
```

```
static double min( params double[ ] v)
{

    double minv = v[0];
    foreach (int i in v)
        if (i < minv)
            minv = i;
    return minv;

}
}
}
```

上面程序中分别以两个数据、7 个数据和 5 个数据调用了方法 min。在方法 min 的 3 次调用过程中，编译器分别将传到 min 方法的数据转换为对应的 v 数组元素。例如，方法调用表达式 min（12.43，234.7）执行时，编译器自动转换的语句序列为：

double [ ] v = new double [2];

v[0] = 12.43;

v[1] = 234.7;

min(v)

例 5-17 程序执行后输出的结果：

2 个数中的最小值是： 12.00000

7 个数中的最小值是： 2.000

5 个数中的最小值是： 8.000

习　　题

一、单项选择题

1. 下面语句中，能够正确定义数组的语句是（　　）。

   A. int[ ]a = newint[ ];　　　　　　　　　　B. int[5] = newint[ ];

   C. int[ ]a = {1,2,3,4,5};　　　　　　　　　D. int[ ]a = newint{10};

2. 设有数组定义语句：int[ ]a = {1,2,3};，则能正确访问数组元素的表达式是（　　）。

   A. a + 1　　　　　　　B. a [1]　　　　　　　C. a + 3　　　　　　　D. a [3]

3. C# 语言中，表示数组长度的属性是（　　）。

   A. Count　　　　　　B. Length　　　　　　C. Number　　　　　D. Size

4. Array 类中 Reverse 方法的功能是（　　）。

   A. 实现一维数组的升序排序　　　　　　B. 实现一维数组的降序排序

   C. 实现二维数组的升序排序　　　　　　D. 实现一维数组元素的颠倒存放

5. 下面程序的运行结果是（　　）。

```
public static void Main( )
{

    String day = "星期一";
```

```
switch(day)
{
    case"星期一":
    case"星期三":
    case"星期五":
        Console.WriteLine("上课");
        break;
    case"星期六":
        Console.WriteLine("聚餐");
        break;
    case"星期日":
        Console.WriteLine("逛街");
        break;
    default:
        Console.WriteLine("睡觉");
        break;
}
Console.ReadLine();
}
```

A. 上课   B. 聚餐

C. 逛街   D. 睡觉

6. 下面程序的运行结果是（　　　）。

```
static void Main(string[]args)
{
    int[]age = new int[]{16,18,20,14,22};
    foreach(int i in age)
    {
        if(i>18)
            continue;
        Console.Write(i.ToString()+"");
    }
    Console.ReadLine();
}
```

A. 16 18 20 14 22   B. 16 18 14 22

C. 16 18 14   D. 16 18

7. 下面程序要实现的功能：在显示器上输出 1~10 的数字。下画线处应填写的正确的代码为（　　　）。

```
static void Main(string[]args)
{
```

```
int[ ]B = new int[10];
for( inti = 1;i <= 10;i ++ )
{

    _____

}
foreach( int C in B)
{
    Console. WriteLine( C);
}
}
```

A. B[i] = i + 1;　　　　　　　　　B. B[i] = i;

C. B[i-1] = i;　　　　　　　　　D. B[i+1] = i;

8. 下面程序的运行结果是（　　）。

```
static void Main( string[ ]args)
{
    String[ ]names = {″NICE″,″BENET″,″BETEST″};
    foreach( string name in names)
    {
        Console. Write( ″{0}″,name);
    }
}
```

A. NICE BENE TBETEST　　　　　B. n a m e

C. name name name　　　　　　　D. ″NICE″ ″BENET″ ″BETEST″

9. 下面程序的运行结果是（　　）。

```
public static void Main( )
{
    string str = ″1232324252324″;
    string sstr = str. Substring( 1,2);
    int n = 0;
    int pos;
    while( ( pos = str. IndexOf( sstr)) ! = - 1)
    {
        n ++ ;
        str = str. Substring( pos);
    }
}
```

A. 3　　　　　　　　　　　　　　B. B[i] = 5;

C. 1　　　　　　　　　　　　　　D. 死循环

10. 下面程序的运行结果是（　　　　）。

```
public static void Main( )
{
    char[ ]chs = {'1','2','3','4','5'};
    for( int i = 0 ; i < chs. Length/2 ; i ++ )
    {
        char temp ;
        temp = chs[ i ] ;
        chs[ i ] = chs[ chs. Length – 1 – i ] ;
        chs[ chs. Length – 1 – i ] = temp ;
    }
    for( inti = 0 ; i < chs. Length ; i ++ )
        Console. Write( chs[ i ] ) ;
    Console. ReadLine( ) ;
}
```

A. 23451　　　　　　　　　　　　　　B. 无任何输出

C. 12345　　　　　　　　　　　　　　D. 死循环

二、程序设计题

1. 编制控制台应用程序实现功能：利用数组计算 fibonacci 数列的前 10 项并显示出来。

2. 编制控制台应用程序实现功能：利用字符数组计算两个大整数（超过 long 类型的表示范围）的和。

3. 编制控制台应用程序实现功能：对从键盘上输入的字符串数据，利用字符串的 To-CharArray 方法将其转换为字符数组，然后统计 26 个字母在该字符串中出现的次数。

4. 编制控制台应用程序实现功能：对于从键盘上输入一个字符串数据，判断该字符串是否为回文字符串。回文字符串的定义：正读或反读都相同的字符串，如"123321"。

5. 编制控制台应用程序实现功能：用 3 位随机整数填充长度为 20 的一维数组，然后求出数组中的最大元素值。

第6章 Windows 程序设计基础

6.1 Windows 系统的消息机制

Windows 系统以消息处理为其控制机制，将系统中的对象都作为窗口来对待，每个窗口都有一个用来标识其身份的句柄。Windows 系统通过向窗口发送消息，在开发语言中转化为对象的事件，然后驱动对象，响应用户的动作。

6.1.1 Windows 系统的工作方式

Windows 系统的工作机制，简单地说就是3个关键的概念：窗口、事件和消息。在程序设计中，可以简单地将窗口看做带有边界的矩形区域。Windows 系统中，窗口的含义十分广泛，包括 Windows 系统的"资源管理器"窗口、文字处理程序中的文档窗口、消息对话框窗口、命令按钮、图标、文本框、选项按钮和菜单条等。

Windows 操作系统通过给每一个窗口指定一个唯一的标识号（窗口句柄）来管理所有的窗口，操作系统连续地监视每一个窗口的活动或事件的信号。事件可以通过诸如单击鼠标或按下按键的操作而产生，也可以通过程序的控制而产生，甚至可以由另一个窗口的操作而产生。每发生一次事件，将引发一条消息发送至操作系统。操作系统处理该消息并广播给其他窗口，然后，每一个窗口才能根据自身处理该条消息的指令而采取适当的操作（例如，当窗口解除了其他窗口的覆盖时，重新绘制自身窗口）。

6.1.2 事件与消息

Windows 系统是以消息处理为其控制机制，系统通过消息为窗口过程（Windows Procedure）传递输入。系统和应用两者都可以产生消息。对于每个输入事件，如用户按下了键盘上的某个键、移动了鼠标、单击了一个控件上的滚动条等，系统都将产生一系列消息。此外，对于应用带给系统的变化，如字体资源的改变、应用本身窗口的改变，系统都将通过消息以响应这种变化。应用通过产生消息指示应用的窗口完成特定的任务，或与其他应用的窗口进行通信。

每个窗口都有一个处理 Windows 系统发送消息的处理程序，称为窗口程序。它是隐含在窗口背后的一段程序脚本，其中包含对事件进行处理的代码。Windows 系统为每条消息指定了一个消息编号。例如，当一个窗口变为活动窗口时，它事实上是收到一条来自 Windows 系统的"窗口激活"消息。类似地，命令按钮也有消息处理程序，它的处理程序响应诸如"鼠标左键按下"和"鼠标右键按下"之类的消息。

当 Windows 系统有消息需要通知程序时，它就会调用称为"窗口处理函数"或者"窗口消息处理函数"发送相应消息。应用程序从 Windows 系统发送的消息序列中检测本程序感兴趣的消息进行处理。应用程序检测处理消息的过程如图 6-1 所示。

对于那些应用程序不感兴趣的消息（即没有处理的消息），Windows 系统为窗口提供了默认的窗口过程进行处理。

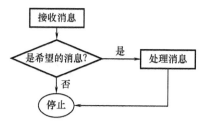

图 6-1　应用程序消息处理过程

6.2　Windows 窗体应用程序常用控件和组件

由于 C# 中的大多数控件都派生于 System. Windows. Forms. Control 类，它们的许多属性、事件和方法也是由此派生而来的，所以它们之间非常相似甚至完全相同。C# 集成开发环境中使用的控件可以分为"公共控件"、"容器"和"对话框"等几种类型。

6.2.1　按钮控件

按钮（Button）是用户以交互方式控制程序运行的控件之一，按钮的主要属性有：

（1）Text 属性

Text 属性的值就是显示在按钮表面上的文字，用于说明该按钮的作用，便于用户识别。如果 Text 属性值为"开始"，程序运行时按钮表面显示成 开始(S) 。当用户按下组合键 < Alt + S > 时，相当于鼠标单击这个按钮。

（2）Enabled 属性

程序运行期间，当按钮的 Enabled 属性值为 False 时，按钮表面将显示成暗淡字体的样式 开始(S) ，这时按钮暂时不起作用。这样做的目的通常是为了防止误操作。

（3）Visible 属性

Visible 属性赋值为 True 时，按钮是可见的；赋值为 False 时，按钮不可见。

按钮可以触发的事件种类很多，但最值得关注的是它的 Click 事件，即按钮被鼠标单击以后应该做出的响应。Windows 窗体应用程序运行时，常见的按钮操作有：

1）鼠标单击。

2）快捷键（Alt + 带有下画线的字母）。

3）按 < Tab > 键将焦点转移到相应的按钮上（按钮四周会有一个虚线框），再按 < Enter > 键。

当用户执行上述操作，选择某个按钮时，便会触发相应按钮的 Click 事件，进而运行 Click 事件过程的代码。在程序设计阶段，双击已添加到窗体上的按钮，就自动创建了 Click 事件过程的格式代码，如下所示：

```
private void button1_Click(object sender, EventArgs e)
{

    //按钮单击事件处理程序代码

}
```

Click 事件过程包含两个参数，第一个参数 object sender 包含被单击的控件；第二个参数

EventArgs e 包含所发生事件的信息。

需要特别指出的是，按钮不响应 DoubleClick（双击）事件。

6.2.2 文本控件

文本控件主要包括标签（Label）、文本框（TextBox）和富文本框（RichTextBox）。

1. Label 控件

Label 控件主要用于通过其 Text 属性显示文本信息，Label 控件的输出内容只能通过 Text 属性来设置或修改，程序运行时用户不能直接以交互方式编辑，因此通常用来显示那些不希望用户更改的文本信息。对于 Label 控件，程序设计时一般只使用其属性。Label 控件的常用属性见表 6-1。

表 6-1　Label 控件的常用属性

属　性	意　义	默　认　值
Text	标签中显示的文本内容	控件名称
Font	显示文本的字体、字号和字形	父控件的 Font 属性
BackColor	背景颜色	Transparent（透明）
ForeColor	前景颜色，即显示文本的颜色	ControlText（控件颜色）
BorderStyle	边框样式	None（无边框）
Image	标签的背景图片	无
AutoSize	根据文字的内容多少和字号大小自动调整自身的尺寸	True
Enabled	控件是否可用	True
Visible	控件是否可见	True

【例 6-1】　创建如图 6-2 所示的 Windows 窗体应用程序，程序运行时显示简单的文本信息。

图 6-2　例 6-1 程序窗体

"退出" 按钮单击事件处理程序如下。

```
private void button2_Click( object sender, EventArgs e)
{
    this. Close();
}
```

"显示文本" 按钮单击事件处理程序如下。

```
private void button1_Click( object sender, EventArgs e)
{
    label1. BackColor = Color. Transparent;     //背景颜色设置为透明
    label1. ForeColor = Color. Tomato;          //前景颜色设置为番茄色
```

label1. Text = "欢迎进入 C# Windows 窗体程序设计广阔天地！";

　　}

2. TextBox 控件

　　TextBox 控件主要用于简单交互操作，在程序运行期间，通过它的 Text 属性既可以显示文本信息，又可以让用户通过键盘、鼠标等在文本框中直接输入并修改文字信息，还可以在文本框中执行剪切、复制、粘贴等操作。表 6-2 ~ 表 6-4 分别列出了 TextBox 控件的常用属性、常用事件和常用方法。

表 6-2　TextBox 控件的常用属性

属　　性	意　　义
Text	输入到文本框中的字符
PasswordChar	用来替换在单行文本框中输入文本的密码字符（仅在 Multiline 为 False 时有效）
Multiline	若为 True，则允许用户输入多行文本信息
ScrollBars	当 Multiline 属性为 True 时，指定文本框是否显示滚动条
WordWrap	当 Multiline 属性为 True，并且一行的宽度超过文本框宽度时，是否允许自动换行
MaxLength	允许输入到文本框中的最大字符数，默认值为 32767
SelectedText	文本框中被选择的文本（程序运行时设置）
SelectionLength	被选中文本的字符数（程序运行时设置）
SelectionStart	文本框中被选中文本的开始位置（程序运行时设置）
ReadOnly	设置文本框是否为只读，默认值为 False
CharacterCasing	是否自动改变输入字母的大小写，默认值为 Normal，其余选项有 Lower 和 Upper
CausesValidation	若设置为 True（默认值），控件获得焦点时，将会触发 Validating 和 Validated 事件

表 6-3　TextBox 控件的常用事件

事　　件	意　　义
Enter	成为活动控件时发生
GetFocus	控件获得焦点时发生（在 Enter 事件之后发生）
Leave	从活动控件变化不活动控件时发生
Validating	在控件验证时发生
Validated	在成功验证控件后发生
LostFocus	控件失去焦点后发生（在 Leave 事件之后发生）
KeyDown	文本框获得焦点，并且有键按下时发生
KeyPress	文本框获得焦点，并且有键按下然后释放时发生（在 KeyDown 事件之后发生）
KeyUp	文本框获得焦点，并且有键按下然后释放时发生（在 KeyPress 事件之后发生）
TextChanged	文本框内的文本信息发生改变时发生

表 6-4　TextBox 控件的常用方法

方　　法	意　　义
AppendText( )	在文本框当前文本的末尾追加新的文本
Clear( )	清除文本框中的全部文本
Copy( )	将文本框中被选中的文本复制到剪贴板
Cut( )	将文本框中被选中的文本移动到剪贴板
Paste( )	将剪贴板中的文字内容复制到文本框中从当前位置开始的地方，但不清除剪贴板

（续）

方　　法	意　　义
Focus( )	将文本框设置为获得焦点
Select( )	在文本框中选择指定起点和长度的文本
SelectAll( )	在文本框中选择所有的文本
DeselectAll( )	取消对文本框中所有文本的选择

下面对程序设计中经常使用的内容进行详细介绍：

（1）Multiline 属性和 WordWrap 属性

当 Multiline 属性为 False 时，文本框的高度无法随意改变，只能输入单行文本。当 Multiline 属性为 True 时，文本框内可以输入多行文本，当文本长度超过文本框宽度并且 WordWrap 属性为 True 时，可以自动换行，按 < Enter > 键可以强制换行。

（2）ScrollBars 属性

ScrollBars 属性决定文本框是否带有滚动条，有 4 个选项：

1）None：没有滚动条。

2）Horizontal：只有水平滚动条。

3）Vertical：只有垂直滚动条。

4）Both：同时拥有水平滚动条和垂直滚动条。

特别需要注意的是，几个属性需要配合使用。仅当 Multiline 属性为 True 时，ScrollBars 属性才有效。当 WordWrap 属性为 True 时，即使 ScrollBars 属性值为 Horizontal 或 Both，水平滚动条也不会出现。

（3）SelectionLength、SelectionStart、SelectedText 属性

这 3 个属性只能在程序运行期间设置，用来标识用户在文本框内选中的文字，一般用于在文本编辑中设置插入点及范围，以及选择字符串、清除或替换文本等，并且经常与剪贴板配合使用，完成文本信息的剪切、复制、粘贴等功能。

在程序运行期间，用户可以通过在文本框内的鼠标、键盘操作，设置这 3 个属性的值，也可以通过赋值语句为它们赋值。设置了 SelectionStart 和 SelectionLength 属性后，被选中的文字就会自动地保存到 SelectedText 属性中。

（4）PasswordChar 属性

当文本框用来接收输入的密码时，为了避免旁观者在界面上看到密码原文，可以用 PasswordChar 属性来设置替代显示字符。PasswordChar 属性仅当 MultiLine 属性为 False 时才有效。

例如，当 PasswordChar 属性设置为" ＊ "时，用户在文本框中输入的任何字符都显示成" ＊ "。图 6-3 就是用户分别在两个不同的文本框中输入"123456"时的情况。

图 6-3　PasswordChar 属性设置

（5）TextChanged 事件

当用户向文本框输入新的内容，或程序对文本框的 Text 属性赋值，从而改变 Text 属性

原值时，将触发 TextChanged 事件。用户每输入一个字符，就会触发一次 TextChanged 事件。

（6）KeyPress、KeyDown、KeyUp 事件

当文本框获得焦点时，用户按下并释放键盘上的某个字符键，就会触发 KeyPress 事件，并返回一个参数 KeyPressEventArgs e 到该事件过程中，其中 e. KeyChar 属性即该键所代表的 Unicode 码。例如，当用户输入字符"A"，返回的 e. KeyChar 值为 65。同 TextChange 事件一样，每输入一个字符就会触发一次 KeyPress 事件。这个事件最常见的应用是判断用户按下的是否为 < Enter > 键（KeyChar 值为 13）。

KeyDown 和 KeyUp 事件返回到事件过程的参数是 KeyEventArgs e，其中 e. KeyValue 属性代表的是键位置码。键盘上的每个键都有自己的键位置码，包括那些不会产生 Unicode 码的键（如 < Shift >、< Alt >、< Ctrl >键等）。

（7）焦点事件

一个窗体上可以载有多个控件，但任何时刻最多只允许一个控件能够接受用户的交互操作。这个能接受交互操作的控件称为"拥有焦点"。

鼠标单击窗体上的某个控件，可以使它获得焦点。利用键盘上的 < Tab > 键，可以使焦点在不同对象之间按 TabIndex 属性指定的顺序依次转移。但是，如果某个对象的 TabStop 属性设置为 False，利用 < Tab > 键转移焦点时将跳过该对象。当文本框获得焦点时，将依次触发 Enter 事件和 GetFocus 事件；失去焦点时，将依次触发 Leave 事件、Validating 事件、Validated 事件和 LostFocus 事件。在文本框的操作中，可以利用这些事件过程来对数据更新进行验证和确认。

（8）Copy( )、Cut( )、Paste( )方法

复制、剪切和粘贴是文本编辑中最常用的方法。调用 Copy( )方法，可以把文本框中被选择的文本复制到剪贴板；调用 Cut( )方法，是把文本框中被选择的文本移动到剪贴板，文本框中原先被选择的文本被删除；执行 Paste ( ) 方法，可将剪贴板中的文字粘贴到文本框中。

【例6-2】 创建如图 6-4 所示的 Windows 窗体应用程序，程序运行时在文本框 txtSour 中输入若干文字信息，然后用鼠标选择其中的一段文字，选择之后，单击"复制"按钮将被选中的文字复制到 txtTarg 中。

"退出"按钮单击事件处理程序如下。

```
private void btnExit_Click( object sender, EventArgs e)
{
    Application. Exit( );
}
```

"复制"按钮单击事件处理程序如下。

```
private void btnCopy_Click( object sender, EventArgs e)
{
    txtTarg. Text = txtSour. SelectedText;
}
```

图 6-4　例 6-2 程序窗体

3. RichTextBox 控件

RichTextBox 控件在 TextBox 的基础上增加了许多功能，它允许直接读写 TXT 或 RTF 格式的文件，允许显示和输入的文本具有丰富的格式（如黑体、斜体、加粗、颜色等），允许像在 Word 当中那样使用项目符号，还允许在文本中插入图片。RichTextBox 控件的常用属性和方法见表 6-5，表中省略了那些与 TextBox 相同的内容。

表 6-5　RichTextBox 控件的常用属性和方法

名　　称	意　　义
CanRedo	若为 true，则允许恢复上一个被撤销的操作
CanUndo	若为 true，则允许撤销上一个操作
RedoActionName	通过 Redo( ) 方法执行的操作名称
UndoActionName	如果用户选择撤销某个动作，该属性将获得该动作的名称
Rtf	包含 RTF 格式的文本（与 Text 属性相对应）
SelectedRtf	获取或设置被选中的 RTF 格式文本，保留格式信息
SelectedText	获取或设置被选中的文本，丢弃所有格式信息
SelectionAlighment	被选中文本的对齐方式（Center、Left、Right）
SelectionBullet	被选中文本的项目符号
SelectionColor	被选中文本的颜色
SelectionFont	被选中文本的字体
SelectionProtected	被选中文本是否允许被修改，若为 True 则处于写保护状态
Redo( ) 方法	恢复上一个被撤销的操作
Undo( ) 方法	撤销上一个操作
Find( ) 方法	查找是否存在特定的字符串，存在则返回第一个字符串的位置，否则返回 – 1
LoadFile( ) 方法	将指定路径下的 RTF 文件或 TXT 文件内容载入 RichTextBox 并显示
SaveFile( ) 方法	将 RichTextBox 中的内容以 RTF 或其他特定类型文件格式保存到指定路径下

CanRedo 和 CanUndo 都是只读属性，不能向这两个属性赋值。当用户在 RichTextBox 中执行过文本输入或编辑操作后，CanUndo 属性为 True，允许通过 Undo( ) 方法撤销先前的操作；仅当执行过 Undo( ) 后，CanRedo 属性才为 True，允许通过 Redo( ) 方法恢复上一个被撤销的操作。

Load( ) 和 Save( ) 方法用于加载和保存文件，必须根据文件的实际类型选择适当的格式参数。例如，向 RichTextBox 加载纯文本文件 "d：\ test \ mynews. txt" 时，应使用如下语句：

　　richTextBox1. LoadFile(@ "d：\test\mynews. txt")

【例 6-3】 创建如图 6-5 所示的 Windows 窗体应用程序，程序运行时在上面的"富文本框"中输入一段文字，单击"红色字体"按钮可以将富文本框中被鼠标选中的文字设置为红色字体，单击"全文复制"按钮可以将富文本框中的文字全部复制到下方的文本框中，单击"撤销"按钮可以撤销前一个在富文本框中的操作。

图 6-5 例 6-3 程序窗体

"红色字体"按钮单击事件处理程序如下。

```
private void button1_Click(object sender, EventArgs e)
{
    richTextBox1. SelectionColor = System. Drawing. Color. Red;
}
```

"全文复制"按钮单击事件处理程序如下。

```
private void button2_Click(object sender, EventArgs e)
{
    textBox1. Text = richTextBox1. Text;
}
```

"撤销"按钮单击事件处理程序如下。

```
private void button3_Click(object sender, EventArgs e)
{
    richTextBox1. Undo();
}
```

6.2.3 选择控件和分组控件

在 Windows 窗体应用程序中，经常使用单选按钮（RadioButton）  和复选框（CheckBox） ☑实现表示选择的操作。选择往往会与多个选项相关，实际使用中常常会用"群组框"（GroupBox）控件对它们进行分组。

1. 单选按钮

对于单选按钮，经常使用的属性和事件有：Checked 属性、CheckedChanged 事件和 Click 事件等。

（1）Checked 属性

用鼠标单击一个单选按钮，使之呈现时，表示被选中，Checked 属性值为 True；未被选中的单选按钮呈现，Checked 属性值为 False。在一组与逻辑功能相关的单选按钮中，任何时刻最多只能有一个被选中。当一个单选按钮被选中时，同一组内的其他单选按钮均为未选中状态。

（2）Appearance 属性

用来指定单选按钮的外观。当 Appearance 属性值为 Normal 时，外观为圆形；属性值为 Button 时，外观显示成按钮的形状，被选中时显示为按下状态，未选中时为弹起状态。

（3）CheckedChanged 事件

当用户在一组单选按钮中改变原先选中的对象时，触发 CheckedChanged 事件。

（4）Click 事件

每次单击单选按钮时，都会触发 Click 事件。如果连续多次单击同一个单选按钮，最多只能改变 Checked 属性一次。

2. 复选框

复选框的属性和事件与单选按钮非常相似，下面介绍几处略有不同的地方：

（1）CheckState 属性

复选框有 3 种状态：

1）☑（选中）：CheckState 属性值为 Checked。

2）☐（未选中）：CheckState 属性值为 Unchecked。

3）▧（无效）：CheckState 属性值为 Indeterminate。

鼠标单击一个复选框，就会使它的状态在☑与☐之间切换。在一组或逻辑功能相关的复选框中，允许任意数量的复选框被选中，甚至全部选中，或者全部不选。一个复选框被选中与否，对同一组内的其他复选框状态没有任何影响。

（2）ThreeState 属性

ThreeState 属性值为 True 时，允许复选框的 CheckState 属性有上述 3 种状态；当属性置为 False 时，CheckState 属性就只能有 Checked（☑，选中）和 Unchecked（☐，未选中）两种状态。

（3）CheckedChanged 事件

当复选框的 Checked 属性改变时，就会触发该事件。但当 ThreeState 属性值为 True 时，单击复选框不会改变 Checked 属性。

3. 群组框控件的"容器"作用

GroupBox 控件具有"容器"特性，能够把其他控件装入其中，因而又称为容器控件。

在窗体上绘制一个 GroupBox 控件，然后在它的边框线以内绘制单选按钮或其他控件，就把它们装入了同一个容器。在窗体上的空白位置创建控件，然后把它拖放到 GroupBox 的边框线内，也可以将其装入同一个容器。注意不要使 GroupBox 与其他控件重叠。

设计阶段判断一个控件是否装入 GroupBox 的最简单方法，就是在窗体上拖动 GroupBox。如果线框内的控件跟随移动，则说明它确实装入了 GroupBox。

装入同一个 GroupBox 的单选按钮，就构成了一个逻辑上独立的组，单击其中的任意一个单选按钮，使其处于选中状态，组内的其他对象均处于未选中状态，对它们的操作不会影响到当前 GroupBox 以外的单选按钮。当窗体上需要建立几组相互独立的单选按钮时，就应该把它们分别装入不同的 GroupBox。

在实际应用中，GroupBox 控件最值得关注的属性就是它的 Text 属性，用来设置边框上方显示的标题。

【例6-4】创建如图 6-6 所示的 Windows 窗体应用程序，程序运行时，在文本框中输入姓名，然后选中相应的"单选按钮"和"复选框"，单击"显示信息"按钮后在"个人简单信息"文本框中显示出与上面选择对应的信息；单击"退出"按钮结束程序运行。

"显示信息"按钮单击事件处理程序如下。

```
private void btnXS_Click(object sender, EventArgs e)
{
    if(txtName.Text == "")
        return;
    string msg = txtName.Text + ",";
    if(rdMan.Checked == true)
        msg += rdMan.Text + ",";
    else if (rdWom.Checked == true)
        msg += rdWom.Text + ",";
    msg = msg.Remove(msg.Length - 1);
    if(chkGZ.Checked == false && chkBK.Checked == false &&
            chkSS.Checked == false && chkBS.Checked == false)
        msg += "\r\n 受教育程度较低,仅拥有初中以下的文化程度。";
    else
    {
        msg += "\r\n";
        if(chkGZ.Checked == true)
            msg += chkGZ.Text + ",";
        if (chkBK.Checked == true)
            msg += chkBK.Text + ",";
        if (chkSS.Checked == true)
            msg += chkSS.Text + ",";
        if (chkBS.Checked == true)
            msg += chkBS.Text + ",";
        msg = msg.Remove(msg.Length - 1);
        msg += "学历。";
    }
    txtZJ.Text = msg;
}
```

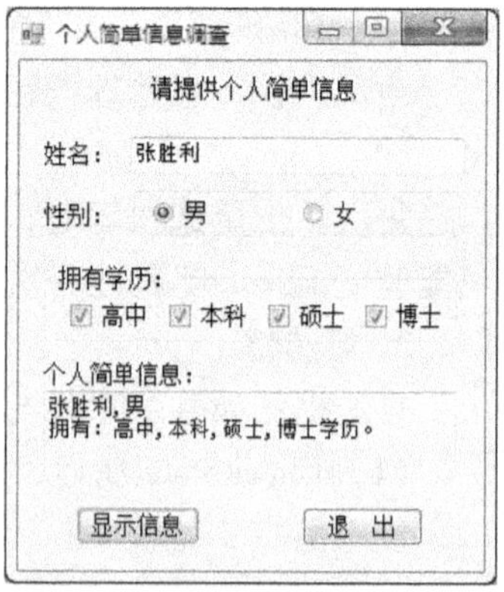

图 6-6   例 6-4 程序窗体

在上面的处理程序代码中,"msg.Remove(msg.Length – 1);"表示去掉字符串 msg 的最后一个字符。此外,在文本框中显示的信息是,如果需要人为换行,要同时输出回车和换行两个转义字符,即使用"\r\n"来实现。

6.2.4　列表选择控件

列表选择控件主要用来实现较多个选项的交互式选择操作。列表选择控件主要有:列表框(ListBox)、复选列表框(CheckedListBox)和组合框(ComboBox)等。

1. 列表框

列表框以列表形式显示多个数据项,供用户选择。用户只能从列表中选择已有的数据项，而不能直接修改其中的内容。如果列表中的数据项较多，超过设计时给定的长度，不能一次全部显示，就会自动添加滚动条。表6-6 和表6-7 分别列出了 ListBox 的常用属性、事件和方法。

表6-6　列表框（ListBox）的常用属性

属　　性	意　　义
Items	列表框中所有选项的集合，利用这个集合可以增加或删除选项
SelectedIndex	列表框中被选中项的索引（从 0 算起）。当多项被选中时，表示第一个被选中的项
SelectedIndices	列表框中所有被选中项的索引（从 0 算起）集合
SelectedItem	列表框中当前被选中的选项。当多个选项被选中时，表示第一个被选中的项
SelectedItems	列表框中所有被选中项的集合
SelectionMode	列表框的选择模式（None、One、MultiSimple、MultiExtended）
Text	写入时，搜索并定位在与之匹配的选项位置；读出时，返回第一个被选中的项
MultiColumn	是否允许列表框以多列的形式显示（True 表示允许多列）
ColumnWidth	在列表框允许多列显示的情况下，指定列的宽度
Sorted	若为 True，则将列表框的所有选项按字母顺序排序，否则按加入的顺序排列

表6-7　列表框（ListBox）的常用事件和方法

事件和方法	意　　义
SelectedIndexChanged 事件	被选中项的索引值改变时发生
ClearSelected( )方法	清除列表框中所有被选中的选项，无返回值
FindString( )方法	查找列表框中第一个以指定字符开头的选项，返回该选项的索引（从 0 算起）
GetSelected( )方法	若列表框中指定索引值的选项被选中，则返回 True 值，否则返回 False
SetSelected( )方法	设置或取消对列表框中指定索引处的选项的选择，无返回值

下面对表6-6、表6-7 所列举的部分内容做进一步的说明：

（1）Items 属性

Items 属性是一个 string 类型的数组，数组中的每一个元素对应着列表框中的一个选项，用下标（索引）值来区分不同的元素。下标编号从 0 开始，最后一个元素的下标为Items. Count − 1。也就是说，第一个元素为 Items［0］，其后依次类推。该属性可以在设计阶段通过属性窗口设置，也可以在程序运行期间添加、删除或引用。Items 属性还拥有 Add( )、Insert( )等方法，参见后面提到的 ComboBox 控件。

（2）SelectedIndices 属性

SelectedIndices 属性是一个 int 类型的数组，数组中的每一个元素对应着列表框中被选中的一个项的下标（索引）值，只能在程序运行期间设置或引用，设计阶段无效。

（3）SelectionMode 属性

该属性用于设置列表框选项的选择模式，有以下几种取值：

1）None：禁止选择列表框中的任何选项。

2）One：一次只能在列表框中选择一个选项，默认值。

3）MultiSimple：简单多项选择。鼠标单击选定一个选项，再次单击则取消选择。

4）MultiExtended：扩展多项选择。按住＜Ctrl＞键，鼠标单击可以选定多个选项，再次单击则取消选择；按住＜Shift＞键，鼠标单击可选择一个连续区间内的多个选项。

（4）GetSelected（）方法

GetSelected（）方法用于测试列表框中一个特定选项是否被用户选中，括号内的参数是选项的索引值。当列表框 listBox1 中的某项被选中时，用 listBox1. GetSelected（）方法测试可以得到 True 值，没有选中，用 listBox1. GetSelected（）方法测试则得到 False 值。

（5）SetSelected（）方法

SetSelected（）方法用于在程序运行期间设置或取消对列表框中特定选项的选择，括号内的参数是选项的索引值。listBox1. SetSelected（n，true）可以选中列表框中的第 n 个选项，而 listBox1. SetSelected（n，false）则用于取消对列表框中第 n 个选项的选择。

【例 6-5】 创建如图 6-7 所示的 Windows 窗体应用程序，程序运行时，通过鼠标和 < Ctrl > 键配合在列表框中选中多种水果名字，单击"投票"按钮将选中的水果名显示在"投票信息"文本框中；单击"退出"按钮结束程序运行。

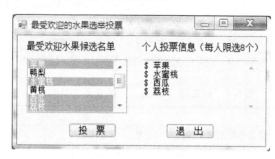

图 6-7　例 6-5 程序窗体

"投票"按钮单击事件处理程序如下。

```
private void btnTP_Click(object sender, EventArgs e)
{
    txtJG. Text = "";
    int count = 0;
    foreach (string item in lstHX. SelectedItems)
    {
        txtJG. Text += " $ " + item + "\r\n";
        count ++ ;
        if (count >= 8)
            break;
    }
}
```

列表框控件中可以选择的项数默认是 1，设计时将列表框控件的 SelectionMode 设置为 MultiExtended，即可在列表框中选择多项。

2. 复选列表框

CheckedListBox 兼具列表框与复选框的功能，它提供一个项目列表，列表中的每一项都是一个复选框。当窗体上需要的复选框较多，或者需要在程序运行时动态地决定有哪些选项时，使用 CheckedListBox 比较方便。表 6-8 列出了 CheckedListBox 的常用属性、事件和方法，其中那些与 ListBox 相同的内容省略。

表 6-8　CheckedListBox 的常用属性、事件和方法

名　　称	意　　义
CheckOnClick 属性	若为 True，第一次单击复选列表框中的选项时即改变其状态
CheckedItems 属性	复选列表框中所有被选中项的集合
CheckedIndices 属性	复选列表框中所有被选中项的索引（从 0 算起）的集合
SetItemChecked 方法	设置或取消对复选列表框中指定索引处的选项的选中状态，无返回值
SetSelected 方法	设置或取消对复选列表框中指定索引处的选项的选择，不改变复选框状态

【例 6-6】　创建如图 6-8 所示的 Windows 窗体应用程序，重新实现例 6-5，要求"最受欢迎水果候选名单"用复选列表框展示。

图 6-8　例 6-6 程序窗体

"投票"按钮单击事件处理程序如下。

```
private void btnTP_Click(object sender, EventArgs e)
{
    txtJG.Text = "";
    int count = 0;
    foreach (string item in chLstHX.CheckedItems)
    {
        txtJG.Text += " $ " + item + "\r\n";
        count = count + 1;
        if (count >= 8)
            break;
    }
}
```

3. 组合框

组合框提供一个显示多个选项的列表，供用户以交互方式选择。在未选择状态，组合框的可见部分只有文本编辑框和按钮。当用户单击文本编辑框右端的下拉按钮 ▼ 时，列表展开，用户可以在其中进行选择。当用户完成选择后，列表就会自动收折起来。组合框不允许在列表中选择多个选项，但可以在它的文本编辑框内输入新的选项。

组合框的常用属性、事件和方法见表 6-9，表中省略了与 TextBox、ListBox 和 Button 等控件相同的内容。

表 6-9　组合框的常用属性、事件和方法

属性、事件和方法	说　明
DropDownStyle	组合框的显示样式，默认值为 DropDown
DropDownHeight	组合框下拉列表的最大高度（以像素为单位）
MaxDropDownItems	组合框下拉列表中允许显示选项的最大行数
DroppedDown	若为 True，下拉列表自动展开，若为 False（默认）需单击下拉按钮才展开
Text	用户在控件的文本编辑框输入的文字，或在列表框部分选中的数据选项
SelectedIndexChanged 事件	在列表框部分改变了选择项时发生
Items. Add 方法	在程序运行期间向控件的列表中追加一个新的选项
Items. AddRange 方法	在程序运行期间向控件的列表中追加一个字符串数组所包括的全部选项
Items. Insert 方法	在程序运行期间向控件的列表中指定位置插入一个新的选项
Items. Remove 方法	在程序运行期间删除控件的列表中的指定选项
Items. RemoveAt 方法	在程序运行期间删除控件的列表中指定位置的选项

下面对表 6-9 中的部分内容做进一步说明：

（1）DropDownStyle 属性

DropDownStyle 属性用来设置组合框的样式，可以从 ComboBoxStyle 集合的 3 个选项中选择其一：

1）DropDown：单击 ▼ 才能展开列表，用户可以在控件的文本编辑框中输入文字。

2）DropDownList：单击 ▼ 才能展开列表，用户不能在控件的文本编辑框中输入文字。

3）Simple：列表框的高度可以在设计阶段由程序员指定，与文本编辑框一起显示在窗体上，但不能收起或拉下。如果列表框的高度不足以容纳所有选项，则自动添加滚动条。用户可以从列表框中选择所需的选项，使之显示在文本编辑框内，也可以直接在文本编辑框内输入列表框中没有的选项。

（2）向控件的列表中添加选项的方法

```
Items. Add( obj　item)；              //新添加的选项追加在列表的末尾
Items. AddRange( object[ ]　items)；  //新添加的选项数组追加在列表末尾
Items. Insert( int　index，　obj　item)； //按 index 指定的索引位置插入新的选项
```

（3）从控件的列表中移除选项的方法

```
Items. Remove( obj　item)；           //在列表中找到指定的选项,将其移除
Items. RemoveAt( int　index)；        //在列表中找到指定的选项索引,将其移除
```

上述方法对于 ListBox 和 CheckedListBox 控件也是相同的。

【例 6-7】　创建如图 6-9 所示的 Windows 窗体应用程序，程序运行时在组合框中（下拉列表框）选择最佳足球赛对阵，选择结束后所选择的信息显示在下方的文本框中；单击"退出"按钮结束程序运行。

组合框"选择值改变"事件处理程序如下。

```
private void combHX _ SelectedValueChanged
( object sender，EventArgs e )
```

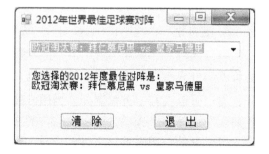

图 6-9　例 6-7 程序窗体

```
        {
            txtJG.Text = "您选择的 2012 年度最佳对阵是: \r\n" + combHX.Text;
        }
```

6.2.5 图片列表组件

图片列表（ImageList）组件本身不能用来显示图片，但它提供了一个 Images 集合，可以用来存储成组的图片，供窗体上的其他控件使用，每个图片可以通过其索引值或键值来引用，给需要引用多个图片的程序设计带来了极大的方便。

双击工具箱中的图片列表（ImageList）组件可以将其添加到应用程序，ImageList 组件在程序的后台运行，不会出现在应用程序的窗体，窗体设计时可以不考虑其位置。表 6-10 列举了 ImageList 组件的常用属性和方法。

表 6-10 ImageList 组件的常用属性和方法

属性和方法	说　　明
Images	存储在 ImageList 中的图片集合
ImageSize	存储在 ImageList 中的图片大小（无论原图片尺寸如何，统一按此规格调整）
ColorDepth	存储在 ImageList 中的图片颜色深度（即表示图片像素颜色的种类数量）
Images.Count	存储在 ImageList 中的图片数量
Images.Add()方法	将指定路径的图片文件加载到 ImageList 的 Images 集合中
Images.AddRange()方法	将指定路径的图片文件数组加载到 ImageList 的 Images 集合中
Images.Clear()方法	将加载到 ImageList 的 Images 集合中的所有图片文件全部清除
Images.RemoveAt()方法	将指定索引的图片文件从 ImageList 的 Images 集合中移除

ImageList 中存储的图片可以在设计阶段添加，也可以在程序运行过程中添加。无论图片的原尺寸如何，添加到 ImageList 后都统一调整成 ImageSize 属性规定的尺寸。在设计阶段为 ImageList 添加图片时，只要在属性窗口单击 Images 属性右边的图标按钮，从随后打开的对话框中浏览选择所需的图片即可。在程序运行期间向 ImageList 添加图片的做法可参考下面的示例。

【例 6-8】 创建如图 6-10 所示的 Windows 窗体应用程序，程序运行时，可以将预先准备好的一组图片加载到 ImageList 组件的 Images 集合，并通过连续单击"轮转图片"按钮，将 ImageList 中存储的图片依次取出到图片框中显示。

图 6-10 ImageList 组件的应用示例

```
int i = 0;        //用于计数的类属变量
//窗体加载事件处理程序
private void Form1_Load(object sender, EventArgs e)
{
    string imagefile;          //图片文件名变量
    imageList1. ImageSize = new Size(205, 168);        //规定载入图片的显示尺寸
    for (int k = 1; k <= 12; k++)        //依次载入 ImageList 中的图片文件
    {
        if (k < 10)                //凑成图片文件名 runboy01 ~ runboy12
            imagefile = "runboy0" + k. ToString() + ". gif";
        else
            imagefile = "runboy" + k. ToString() + ". gif";
        imageList1. Images. Add(Image. FromFile(imagefile));
    }
    pctShow. Image = imageList1. Images[0];        //图片框中显示 ImageList 的首张图片
    pctShow. SizeMode = PictureBoxSizeMode. AutoSize;        //自动调整图片框大小
}
// "轮转图片" 单击事件处理程序
private void btnTurn_ Click (object sender, EventArgs e)
{
    pctShow. Image = imageList1. Images [i];        //显示 ImageList 存储的第 i 张图片
    i = (i + 1) % 12;                //循环调整指针，指向下一张图片
}
```

上面程序中，"imageList1. Images. Add(Image. FromFile(imagefile));" 语句用变量 image-file 指定的文件加载到图片列表组件中，其余语句可参照程序中的注释自行理解。

6.2.6　定时器组件

应用程序中，定时器（Timer）能够按规定的时间间隔（Interval），重复地触发 Tick 事件，从而达到周期性控制任务执行的目的。双击工具箱中的 Timer 组件可以将其添加到应用程序，组件在程序的后台运行，不会出现在应用程序的窗体，窗体设计时可以不考虑其位置。

1. 常用属性

（1）Interval 属性

Interval 是定时器最重要的属性，用于设置 Tick 事件的触发时间间隔，以毫秒为单位，既可以在设计阶段设置，也可以在程序运行期间赋值。例如，当 Interval 属性设置为 1000 时，则表示每秒（1000ms）产生一个 Tick 事件。若设置 Interval 属性值为 0，此时定时时间间隔为无限大（此时表示定时器无效）。

（2）Enabled 属性

当定时器的 Enabled 属性值为 True 时，每当 Interval 规定的时间间隔到达，就能触发一

次 Tick 事件。当 Enabled 属性值为 False 时，定时器处于休止状态，不再触发 Tick 事件。

2. 事件

定时器只有一个 Tick 事件。那些需要周期性处理的任务，将安排在 Tick 事件过程中处理。这样，计算机仅在每次 Tick 事件发生时执行一遍 Tick 事件过程的代码，其他时间还可以处理别的事务。

3. 常用方法

1）Start( )方法：启动定时器运行。

2）Stop( )方法：终止定时器运行。

【例6-9】　创建如图 6-11 所示的 Windows 窗体应用程序，程序运行时，可以将预先准备好的一组图片加载到 ImageList 组件的 Images 集合，单击"轮转图片"按钮将 ImageList 中存储的图片依次取出到图片框中显示。

图 6-11　ImageList 组件和 Timer 组件使用示例

```
int i = 0;        //用于计数的类属变量
//窗体加载事件处理程序
private void Form1_Load( object sender, EventArgs e)
{
    timer1. Interval = 130;
    timer1. Enabled = true;
    timer1. Stop( );                    //暂停图片轮转
    string imagefile;
    imageList1. ImageSize = new Size(256, 210);
    for ( int k = 1; k  <= 12; k ++ )
    {
        if ( k  < 10)
            imagefile = "runboy0" + k. ToString( ) + ". gif";
        else
            imagefile = "runboy" + k. ToString( ) + ". gif";
        imageList1. Images. Add( Image. FromFile( imagefile) );
    }
    pictureBox1. Image = imageList1. Images[0];
```

```
        pictureBox1. SizeMode = PictureBoxSizeMode. AutoSize;
    }
//定时器"Tick"事件处理程序
private void timer1_Tick(object sender, EventArgs e)
    {
        pictureBox1. Image = imageList1. Images[i];
        i = (i + 1)%12;
    }
//"轮转图片"按钮单击事件处理程序
private void button1_Click(object sender, EventArgs e)
    {
        switch (button1. Text)
        {
            case "轮转图片":
                timer1. Start();
                button1. Text = "暂停轮转";
                break;
            case "暂停轮转":
                timer1. Stop();
                button1. Text = "轮转图片";
                break;
        }
    }
```

6.3 菜单

菜单是 Windows 窗体应用程序的主要组成部分,用户可以通过菜单命令的操作实现对应用程序的大多数操作和控制。菜单主要包括下拉式菜单和上下文菜单两种类型。下面对这两种类型的菜单的创建方式分别予以介绍。

6.3.1 菜单的创建

在 VS 2010 集成开发环境的工具箱中,双击"菜单和工具栏"分组中的 MenuStrip 控件,它的图标就会出现在窗体设计视图的脚标区域,并在窗体工作区的顶部产生一个菜单栏,其中显示一个空白文本框,等待用户输入菜单项(MenuItems)的标题,如图 6-12 所示。

1. 菜单项的设置

用户在 MenuStrip 的文本框中输入菜单项的标题,在属性窗口的"Name"栏中输入与之相对应的名称,就完成了一个菜单项的创建。

在用户界面上,每个菜单选项均被视为一个独立的对象,与 Button 控件的功能相似,可以响应 Click 事件。

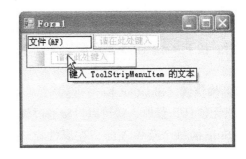

图 6-12 菜单控件

例如，在文本框中输入"文件（&F）"后，在菜单栏上显示的是"文件（F）"，随后右侧与下方又出现空白文本框，等待添加新的菜单项。在右边添加表示设计同级菜单，在下方添加表示设计下级菜单。

为了便于描述菜单的设计构成，可以为简单记事本程序设计各级、各项菜单，见表 6-11。

表 6-11 简单记事本程序的菜单结构

标　　题	名　　称	快　捷　键
文件（&F）	menuFile	
新建（&N）	menuFileNew	< Ctrl + N >
打开（&O）	menuFileOpen	< Ctrl + O >
保存（&S）	menuFileSave	< Ctrl + S >
退出（&X）	menuFileExit	
编辑（&E）	menuEdit	
剪切（&T）	menuEditCut	< Ctrl + X >
复制（&C）	menuEditCopy	< Ctrl + C >
粘贴（&P）	menuEditPaste	< Ctrl + V >
查找（&F）	menuEditFind	
替换（&R）	menuEditReplace	
格式（&O）	menuFormat	
字体（&F）	menuFormatFont	
颜色（&C）	menuFormatColor	
帮助（&H）	menuHelp	
关于作者（&A）	menuHelpAbout	< F1 >

2. 菜单项的访问键（Access Key）设置

访问键是菜单项文字后面的括号中带下画线的字符，在菜单设计时定义。定义访问键后，运行时按下"Alt + 访问键"，就可以执行与鼠标单击菜单项相同的操作。通过访问键执行菜单命令，有时比鼠标操作更方便。

设置菜单项访问键的方法是在 MenuStrip 中菜单项的标题文字后面的括号内加入一个由

"&"引导的字母。程序运行时，符号"&"本身并不显示出来，但它后面的字母带有下画线。例如，在 MenuStrip 的文本框中输入"文件（&F）"，程序运行时显示的是"文件（F）"，则"文件"选项的访问键是"F"；在二级菜单中输入"打开（&O）"，程序运行时显示的是"打开（O）"，访问键是"O"，如图 6-13 所示。

程序运行时，按下 <Alt + F> 组合键就会打开"文件"子菜单，再按 <O> 键就执行了"打开"操作。

3. 菜单项的快捷键（Shortcut Key）设置

快捷键是指无须打开菜单，就可以直接通过键盘操作执行菜单命令的组合键。

设置 MenuStrip 的每个菜单项时，在属性窗口"ShortcutKeys"属性右端单击下拉箭头，就可以从列表中选择一个合适的快捷键，图 6-14 表示将 menuFileSave（"文件"菜单中"保存"子菜单的控件名称）的快捷键设置为 <Ctrl + S>。设置快捷键后，它便出现在子菜单中相应选项的右边。

在图 6-13 所示的应用程序中，鼠标依次单击菜单项"文件"→"保存"，与依次按下访问键 <Alt + F> 和 <S>，或者直接按下快捷键 <Ctrl + S> 一样，能够完成相同的操作。

设置菜单项的访问键或快捷键时，应该满足绝大多数用户约定的习惯，例如，大家非常熟悉的"剪切"（<Ctrl + X>）、"复制"（<Ctrl + C>）、"粘贴"（<Ctrl + V>）和"帮助"（<F1>）等。

要删除菜单项的快捷键，只要将"ShortcutKeys"属性设置为默认的"None"即可。

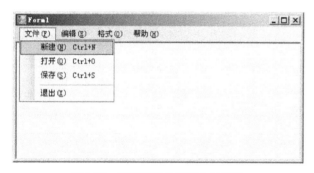

图 6-13　菜单项的访问键和快捷键

图 6-14　菜单项的快捷键设置

4. 菜单组的分隔条设置

如果一个菜单组中菜单项较多，或者需要按照菜单项的功能分组表示时，可以使用分隔条对菜单项分组，使得菜单结构更加清晰。

在已输入的菜单项上单击鼠标右键，就会弹出如图 6-15 所示的上下文菜单，从中选择"插入"→"Separator"，可以在选项之间插入分隔条（也可以选择插入其他选项）。分隔条的作用仅仅是将菜单选项划分成不同的分组，它本身既不能被选取，也不能响应 Click 事件。

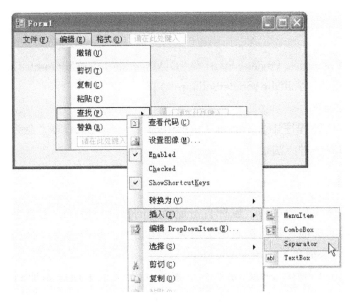

图 6-15　在菜单中插入分隔条

6.3.2　菜单事件处理

对于菜单中的任何一个菜单项，程序中仅需要关心菜单项的 Click 事件处理。在设计视图中双击一个菜单项，就会在代码窗口中自动创建它的 Click 事件过程框架代码，然后在其中写入实现相应功能的代码。

【例 6-10】　创建如图 6-16 所示的 Windows 窗体应用程序，通过菜单命令运行相应的 Windows 游戏程序。

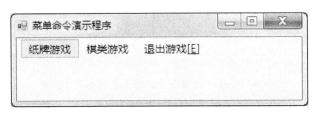

图 6-16　例 6-10 程序窗体

菜单命令单击事件处理程序（为简单起见仅展示 3 个命令）如下。

```
private void 退出游戏 EToolStripMenuItem_Click(object sender, EventArgs e)
{
    this. Close();
}
private void 纸牌 AToolStripMenuItem_Click(object sender, EventArgs e)
{
    System. Diagnostics. Process. Start(@"C:\Program Files\Microsoft Games\
        Solitaire\Solitaire");
```

```
        }
private void 蜘蛛纸牌 BToolStripMenuItem_Click( object sender, EventArgs e)
        {
            System. Diagnostics. Process. Start( @ "C:\Program Files\Microsoft Games\
                SpiderSolitaire\SpiderSolitaire") ;
        }
```

在上面的事件处理程序中，System. Diagnostics. Process. Start(@ "命令字符串") 是在 C# 中执行外部命令的的一种方法。

6.3.3 快捷菜单

在 Windows 窗体应用程序中，鼠标右击窗体上的不同对象时，通常会在光标位置弹出一个菜单，其中显示的选项内容与被右击的对象密切相关，这样的菜单称为上下文菜单（Context Menu），又称为快捷菜单（Shortcut Menu）。

在工具箱中双击 ContextMenuStrip 控件，就把上下文菜单控件添加到窗体上了。但它的图标只是显示在窗体设计视图的脚标区域，在窗体上是看不到的。仅当选中这个图标之后，窗体上才会显示控件的轮廓，如设计下拉菜单那样逐个输入菜单项标题文字（如图 6-17 所示），就完成了上下文菜单的设计。

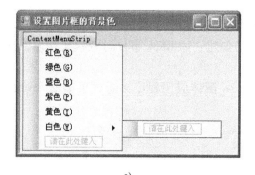
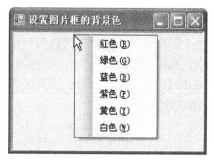

a)　　　　　　　　　　　　　　　　　b)

图 6-17　用于设置图片框背景色的上下文菜单

a）设计视图　b）运行视图

在 Windows 窗体应用程序中，上下文菜单要与窗体上一个特定对象相关联，而且窗体上的任何一个对象只能有一个与之相关联的上下文菜单。设置对象与上下文菜单关联的方法是将对象的 ContextMenu 属性设置为添加到窗体的一个 ContextMenuStrip 控件名称。程序运行时，鼠标右击这个对象，就会弹出与之相关联的上下文菜单。

在 Windows 窗体应用程序中，根据实际需要可以添加若干个 ContextMenuStrip。

6.4　工具栏和状态栏

在 Windows 窗体应用程序中，利用工具栏中的按钮、组合框、编辑框等，可以把那些最常用的菜单操作变成直观、简捷的图标操作；利用状态栏显示系统信息和对用户的提示，如系统日期、软件版本、光标的当前位置、键盘的状态等信息。

6.4.1 工具栏控件

双击工具箱中的 ToolStrip 控件就可以在窗体程序中添加工具栏，工具栏的图标就会显示在窗体设计视图的脚标区域，同时在窗体工作区顶部出现如图 6-18 所示的工具栏。单击"添加 ToolStripButton"按钮右端的下拉箭头，从下拉列表中选择自己需要的项目类型（Button、Label、ComboBox 和 Separator 等），把它们逐个添加到工具栏上，就完成了工具栏的初步设计，如图 6-19 所示。

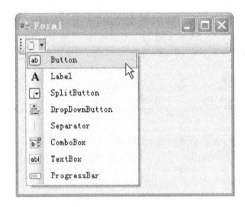

图 6-18 工具栏控件添加到窗体   图 6-19 设计完成的工具栏示例

添加到工具栏中的每个项目都相当于一个独立的控件，可以根据需要设置它们的属性。在图 6-19 所示的工具栏中，添加了 8 个 Button 控件、2 个 ComboBox 控件。与直接添加到窗体上的 Button 控件不同的是，添加到工具栏的 Button，其表面显示的是它的 Image 属性所对应的小图片，而 Text 属性的内容则显示在指向光标的下方，如图 6-19 所示。

6.4.2 状态栏控件

双击工具箱中的 StatusStrip 控件可以在窗体上添加状态栏，如图 6-20 所示。设计状态栏时，通过单击窗体上的 StatusStrip 控件下拉箭头，在弹出的下拉菜单中选择所需的项目类型（StatusLabel、ProgressBar 和 DropDownButton 等），将其添加到状态栏上。

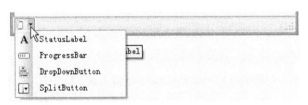

图 6-20 在窗体上添加状态栏控件的项目

添加在状态栏上的 StatusLabel 控件，与直接添加到窗体上的 Label 控件相似，主要利用它的 Text 属性来显示程序运行期间的状态信息。

6.5　对话框

Windows 窗体应用程序中使用对话框的目的是实现用户与应用程序之间相对复杂的交互操作，对于窗体程序中经常使用的诸如打开和保存文件、设置字体和颜色、设置打印选项等操作，C# 中提供了标准的对话框，应用程序中直接使用即可实现相应的标准交互操作。

6.5.1　打开文件对话框

双击工具箱中 OpenFileDialog 控件即可为窗体应用程序添加"打开文件对话框"，其最重要的方法为 ShowDialog( )，用来显示一个具有 Windows 标准风格的"打开"对话框，实现打开文件的操作，如图 6-21 所示。

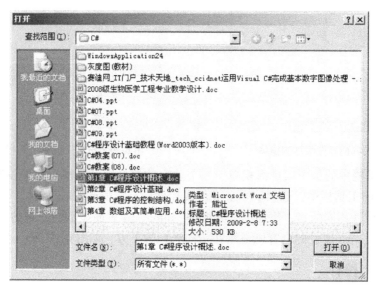

图 6-21　打开文件对话框

ShowDialog( )方法的返回值是一个 DialogResult 类型的对象。如果用户在"打开"对话框中单击"打开"按钮，ShowDialog( )方法的返回值为 DialogResult. OK，否则返回值为 Dia-logResult. Cancel。

在"打开"对话框中，用户可以选择指定将要打开的文件所在的路径、文件名和扩展名等信息，OpenFileDialog 的常用属性和方法见表 6-12。

表 6-12　OpenFileDialog 的常用属性和方法

属性和方法	类　型	说　明
AddExtension	bool	如果省略扩展名，对话框是否自动为文件名添加扩展名
CheckFileExists	bool	如果指定不存在的文件名，对话框是否显示警告，默认值为 True
CheckPathExists	bool	如果指定不存在的路径，对话框是否显示警告，默认值为 True
DefaultExtent	string	默认的文件扩展名
FileName	string	"打开"或"保存"文件对话框中选择的文件名

（续）

属性和方法	类　型	说　　明
FileNames	string [ ]	"打开"文件对话框中选择的所有文件名（MultiSelect 属性为 True）
Filter	string	获取或设置当前文件名筛选器的字符串
FilterIndex	int	获取或设置当前文件对话框中选定筛选器的索引
InitialDirectory	string	获取或设置文件对话框中显示的初始目录
MultiSelect	bool	对话框是否允许选择多个文件，默认值为 False
RestoreDirectory	bool	文件对话框在关闭前是否还原当前目录
SafeFileName	string	获取用户在对话框中选定的文件的文件名和扩展名（不包括路径）
Title	string	获取或设置文件对话框的标题
OpenFile( )方法	Stream	打开用户选定的具有读/写权限的文件
ShowDialog( )方法	DialogResult	运行具有指定所有者的通用对话框

在使用 OpenFileDialog 时，对话框的 FileName、InitialDirectory、Filter 等属性最为常用，下面进一步介绍这些属性。

1）FileName 属性：设置初始打开（或保存）的文件名，也可以返回用户从对话框当前文件列表中选择的文件名。如果没有选择文件，则返回空字符串。

2）InitialDirectory 属性：设置初始打开（或保存）的文件目录，也可以返回用户通过对话框选择的文件目录。如果不设置，则默认为当前目录。

3）Filter 属性：设置在对话框的"文件类型"列表框中显示的文件过滤器。由过滤器指定允许在对话框的文件列表框中显示的文件的类型。过滤器中包含的选项是成对出现的，前者为显示的选项，后者为实际的文件类型。当 Filter 属性包含多个选项时，选项之间要用管道符号（｜）（ASCII 码 124）隔开。例如：

Dialog1. Filter = "文本文件｜*. txt｜RTF 文件｜*. rtf｜所有文件｜*. *";

指对话框的"文件类型"列表框中只能出现 3 组选择项：文本文件（*. txt）、RTF 文件（*. rtf）和所有文件（*. *）。

FilterIndex 属性，设置默认的文件过滤器，属性值为整数，表示 Filter 属性中各个选项的序号。例如，FilterIndex 属性值为 2，表示将 Filter 属性中的第二个选项作为默认的文件过滤器，即打开文件时默认选择的文件类型。

需要特别指出的是，OpenFileDialog 的作用只是提供一个对话框，以交互方式获得要打开的文件名（FileName 属性），对话框本身并不执行打开文件的操作。

6.5.2　保存文件对话框

双击工具箱中的 SaveFileDialog 控件就可以为窗体程序添加"文件保存对话框"，通过调用 ShowDialog( )方法显示一个"另存为"对话框，执行保存文件的操作，如图 6-22 所示。

SaveFileDialog 的常用属性与 OpenFileDialog 相似，此处不再重复介绍。

可以在程序中把 SaveFileDialog 用于新建文件，但此时应该把它的 Title 属性改为"新建"，以避免用户在操作时产生误解。

需要特别指出的是，SaveFileDialog 的作用只是提供一个对话框，交互方式获得/设置保存文件所使用的文件名（FileName 属性），对话框本身并不执行文件的保存操作。

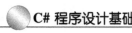

图 6-22 "另存为"对话框

6.5.3 颜色对话框

双击工具箱中的 ColorDialog 控件就可以为窗体程序添加"颜色对话框",调用 ColorDialog 控件的 ShowDialog()方法,可以在程序运行期间打开如图 6-23 所示"颜色"对话框。

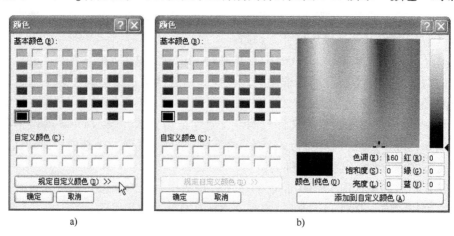

a)   b)

图 6-23 颜色对话框
a) 基本形式   b) 扩展形式

"颜色"对话框有两种形式,图 6-23a 为基本形式,提供了一组基本颜色供用户选择。如果这些颜色还不能满足用户的需要,可以单击"规定自定义颜色"按钮,切换为如图 6-23b 所示的扩展形式,展开用于设置自定义颜色的调色板。设置 ColorDialog 的 FullOpen 属性为 True(默认为 False),颜色对话框就以扩展形式打开。

当用户在"颜色"对话框中选择好颜色,并单击"确定"按钮关闭对话框时,在对话框中选择的颜色值将包含在 ColorDialog 的 Color 属性中,供程序员在程序中用代码调用。

6.5.4 字体对话框

双击工具箱中的 FontDialog 控件即可为窗体程序添加"字体对话框",调用 FontDialog 控件的 ShowDialog()方法,可以在程序运行期间打开"字体"对话框,选择字体、字形、字号和效果,如图 6-24 所示。

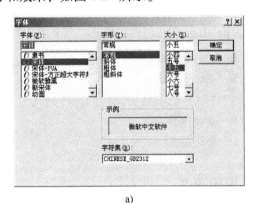 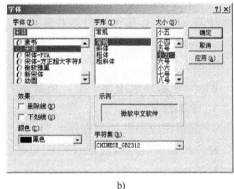

a)   b)

图 6-24 "字体"对话框

a) ShowApply,ShowColor,ShowEffects 均为 False b) ShowApply,ShowColor,ShowEffects 均为 True

FontDialog 控件最重要的属性为 Font。用户在"字体"对话框中进行了字体、字形、字号和效果的选择,并单击"确定"按钮关闭对话框时,这些选择的内容都包含在 Font 属性中返回。

除此之外,FontDialog 的 ShowApply(是否显示"应用"按钮)、ShowColor(是否显示"颜色")、ShowEffects(是否显示"效果")属性均为 bool 类型,也能影响对话框的构成,注意图 6-24a 和图 6-24b 的比较。

习   题

一、单项选择题

1. 设置窗体起始位置的属性是(   )。

   A. CenterScreen   B. WindowsDefaultBounds

   C. CenterParent   D. WindowDefaultLocation

2. 卸载窗体的方法是(   )。

   A. Move   B. Hide

   C. Close   D. Pose

3. 双击窗体 Form1,会添加(   )事件的处理程序框架。

   A. Form1_Load   B. Button1_Click

   C. Form1_Click   D. Label1_Click

4. 要使图片在 PictureBox 中按照原有大小显示,那么应设置的属性是(   )。

   A. AutoSize   B. StretchImage

   C. CenterImage   D. Zoom

5. 要获知 ListBox 控件中当前的列表项目数，应访问该控件的（　　）属性。

　　A. List. Count　　　　　　　　　　B. Items. Count

　　C. List. Index　　　　　　　　　　D. Items. Index

6. 下面所列方法中，将一个字符串数组全部内容添加到 ListBox 控件的方法是（　　）。

　　A. Items. AddRange　　　　　　　　B. Items. Count

　　C. Items. Remove　　　　　　　　　D. Items. Add

7. 访问（　　）属性，可以获得用户在组合框中输入或选择的数据。

　　A. Text　　　　　　　　　　　　　B. SelectedItems

　　C. ItemsData　　　　　　　　　　 D. SelectedValue

8. Windows 窗体应用程序中，在窗体中添加控件时一般不需要进行的操作是（　　）。

　　A. 添加控件　　　　　　　　　　　B. 修改属性

　　C. 编制相应事件处理程序　　　　　D. 绑定数据

9. 控件对象的名称属性是（　　）。

　　A. Name　　　　　　　　　　　　　B. ID 属性

　　C. Text　　　　　　　　　　　　　D. 每个控件各不相同

10. 通过 OpenFileDialog 对话框打开文件时，默认的初始文件名由（　　）决定。

　　A. Filter　　　　　　　　　　　　B. InitialDirectory

　　C. FileName　　　　　　　　　　　D. AutoExtension

二、程序设计题

1. 创建如图 6-25 所示的 Windows 窗体应用程序，用于训练小学生进行 100 以内数的加减法运算。程序中利用随机数对象，分别产生两个 2 位整数和运算符号，单击"计算"按钮将计算结果显示到"计算结果"文本框中。单击"下一题"按钮显示出下一道题目的数据，单击"退出"按钮结束程序运行。题目按每小题 10 分计分，并随时显示出目前获得的总分数。

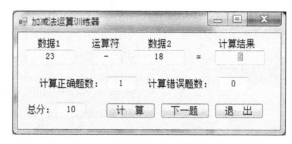

图 6-25　加减法运算训练器

2. 重新实现第 1 小题，要求"计算"、"下一题"和"退出"功能用菜单方式实现。

3. 设计如图 6-26 所示的"竞赛打分器"，7 个裁判的分数依次输入到对应的文本框中，单击"计算"按钮实现打分功能："去掉一个最高分，去掉一个最低分，计算平均成绩，并用标签显示结果"。

4. 设计如图 6-27 所示的冒泡排序算法过程演示窗体。程序开始运行时，在两个文本框中自动加载第一组随机产生的排序数据；连续单击"演示冒泡排序过程"按钮可以依次在文本框中显示出每一趟排序后数据的排列情况；单击"重新生成排序数据"按钮在两个文

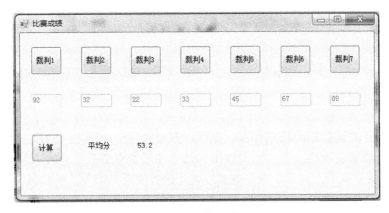

图 6-26   竞赛打分器

图 6-27   冒泡排序算法过程演示

本框中显示一组新的排序数据；单击"结束排序"按钮结束程序运行。

5. 参照 Windows 操作系统中的"计算器"，编写一个可以进行算术运算的计算器。

第 7 章   文 件 读 写

文件可以用于大量数据的长期保存，也可以方便地用于程序之间的数据传递。文件管理是操作系统不可或缺的功能之一，而文件操作是软件开发中必不可少的一部分。

.NET 中提供了基于流的 I/O 操作方式以便于进行文件的读写。System. IO 命名空间之下包含了一系列用于管理文件和文件夹、处理文件读写操作的类，开发环境默认创建的 Windows 窗体应用程序框架中并不包括命名空间 System. IO 的引用，因此在需要进行文件处理的 C# 程序中，须使用 "using System. IO；" 语句引用 System. IO 命名空间。

7.1   流文件简介

7.1.1   流文件概念

.NET Framework 中进行的所有输入和输出工作都要用到流。流是串行化设备的抽象表示，串行化设备可以以线性方式存储数据，并可以以同样的方式访问：一次访问一个字节。设备可以是磁盘文件、网络通道、内存位置或其他支持以线性方式读写的对象。把设备变成抽象的，就可以隐藏流的底层目标和源。由于不需要担心数据传输方式的特性，所以这种抽象级别支持代码重用，允许编写更通用的例程。当应用程序从文件输入流、网络输入流或其他流中读取数据时，可以转换并重用类似的代码。同时，使用流还可以忽略每一种设备的物理机制，无须担心硬盘或内存分配问题。

7.1.2   流类型

C# 的应用程序设计过程中，按照数据流动的方向，可以将流分为两种类型：输出流和输入流。

（1）输出流

当向某些外部目标写入数据时，就要用到输出流。这些外部目标可以是物理磁盘文件、网络位置、打印机或者是另外的一个应用程序。理解流编程技术可以带来许多高级应用，本章仅介绍文件系统中对磁盘文件的写入操作。

（2）输入流

输入流用于将数据从应用程序的外部读入到程序可以访问的内存区域或变量中。在输入流的所有形式中，最常见的是键盘。除了使用键盘输入流外，输入流还可以来自任何数据源。本章主要介绍磁盘文件数据的读取。

适用于读/写磁盘文件的概念和操作方式同样也适用于大多数计算机系统的设备。

7.2 文件操作

本节将介绍字节流、字符流和二进制流的读/写操作。

7.2.1 字节流的读/写

从 Stream 类派生出来的 FileStream 类是为文件输入/输出操作而设计的字节流，提供了在文件中读/写字节的方法。FileStream 类表示在磁盘或网络路径上指向文件的流，一个 FileStream 类的实例实际上代表着一个磁盘文件。使用 FileStream 操作文件时，必须先创建一个 FileStream 类的实例，FileSteam 类的构造函数具有多种重载形式，下面是最常用的一种形式：

public FileStream(string path，FileMode mode，FileAccess access)

构造函数的参数的意义如下。

1）path：被操作文件的名称，包含完整的路径说明（即应提供文件全名）。

2）mode：被操作文件的模式，包括 Append、Create、CreateNew、Open、OpenOrCreate、Truncate。

3）access：被操作文件的访问方式，包括 Read、Write、ReadWrite。

FileStream 类用于实现字节读/写操作的方法见表 7-1。

表 7-1　FileStream 中字节读/写操作方法

方　法	说　明	返回值类型
Read( )	从流中读取字节块，并将该数据写入给定缓冲区中	int
ReadByte( )	从文件中读取一个字节，并将读取位置提升一个字节	byte
Write( )	使用从缓冲区读取的数据将字节块写入该流	
WriteByte( )	将一个字节写入流的当前位置	

通过使用 FileStream 类的 ReadByte 方法可以从指定文件中读出一个字节的数据，ReadByte 方法的常用形式为：byte ReadByte( )，该方法的返回值就是读取的文件字节数据（一个字节）。

【例 7-1】　创建如图 7-1 所示 Windows 窗体应用程序，程序运行时，利用 FileStream 对象的 ReadByte( )方法字节读取指定文件，并将读出的内容在富文本框中显示。

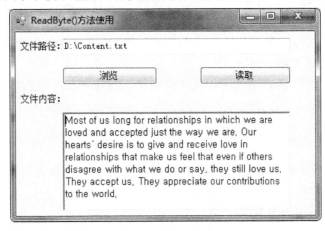

图 7-1　字节流方式读文件

"浏览"按钮单击事件处理程序如下。

```
private void button2_Click(object sender, EventArgs e)
{
    DialogResult dialogResult = openFileDialog1. ShowDialog();      //打开文件对话框
    if (dialogResult == DialogResult. OK)
    {
        textBox1. Text = openFileDialog1. FileName;      //保存选择文件的路径到 textBox1 中
    }
}
```

"读取"按钮单击事件处理程序如下。

```
private void button1_Click(object sender, EventArgs e)
{
    if (textBox1. Text == "")      //如果没有选择文件,则提示需要先选择文件才能进行
                                     读取操作
    {
        MessageBox. Show("请先选择文件","错误提示");
        return;
    }
    FileStream fileStream = new FileStream(textBox1. Text,FileMode. Open,FileAccess. Read);
    richTextBox1. Clear();                          //清空 richTextBox 中的内容
    for (int i = 0; i < fileStream. Length; i ++)
    {
        richTextBox1. Text += (char)fileStream. ReadByte();      //读文件内容显示到
                                                                  richTextBox1 中
    }
    fileStream. Close();      //关闭文件
}
```

用户在文本框中输入或者单击"浏览"按钮通过打开文件对话框获取文件的名字,
FileStream 以 FileMode. Open 方式模式和 FileAccess. Read 读文件方式打开文件,然后通过
Length 属性获知文件的字节数,最后在循环中逐个字节地从文件中进行读操作,并将得到的
字节追加显示在富文本框中。

使用 FileStream 类的 Read 方法可以从文件中读出指定字节长度的数据块。Read 方法的
基本使用形式如下:

```
int Read(byte[] array, int offset, int count)
```

说明如下。

1) array:从文件中读出数据的存放空间。

2) offset:读入数据在 array 中存放的起始位置。

3) count:最多读取的字节数。

4) 返回值:读入缓冲区中的总字节数。如果当前的字节数没有所请求那么多,则总字

节数可能小于所请求的字节数，或者如果已到达流的末尾，则为零。

【例7-2】 创建如果 7-2 所示的 Windows 窗体应用程序，程序运行时将指定文件的内容读出并在富文本框中显示读出的文件内容。要求程序中使用 FileStream 对象的 Read 方法读取文件数据。

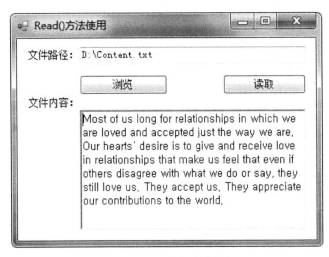

图 7-2　数据块方式读文件

"浏览" 按钮单击事件处理程序如下。

```
private void button2_Click(object sender, EventArgs e)
{
    DialogResult dialogResult = openFileDialog1. ShowDialog();      //打开文件对话框
    if (dialogResult == DialogResult. OK)
    {
        textBox1. Text = openFileDialog1. FileName;      //保存选择文件的路径到 textBox1 中
    }
}
```

"读取" 按钮单击事件处理程序如下。

```
private void button1_Click(object sender, EventArgs e)
{
    if (textBox1. Text == "")      //如果没有选择文件,则提示需要先选择文件才能进行
                                     读取操作
    {
        MessageBox. Show("请先选择文件", "错误提示");
        return;
    }
    FileStream fileStream = new FileStream(textBox1. Text, FileMode. Open);
    richTextBox1. Clear();                    //清空 richTextBox 中的内容
    int length = (int)fileStream. Length;      //获取文件字节长度并保存到 length
```

```
Byte[ ] readByte = new Byte[length];        //建立存放从文件中读出内容的字节数组
fileStream. Read(readByte,0,length);        //读取文件内容到字节数组中
for (int i=0; i < length; i++)
{
    richTextBox1. Text += (char)readByte[i];     //数组中内容显示到
                                                  richTextBox1 中
}
fileStream. Close( );     //关闭文件
}
```

在"读取"按钮单击事件处理程序中，首先通过 FileStream 类的 Length 属性获取文件长度，然后采用 Read 进行块的读写，将文件内容一次性读入到字节数组中，并将数组中的内容在富文本框中显示。

使用 FileStream 类的 WriteByte 方法可以将一个字节的数据写入到指定文件中，WriteByte 方法的最常用形式：void WriteByte（byte value），该方法将用 value 表示的字节数据写入文件。

【例 7-3】 创建如图 7-3 所示的 Windows 窗体应用程序，程序运行时，在富文本框中输入文本内容，然后使用 FileStream 类的 WriteByte 方法将富文本框中的内容以追加的方式写入到指定文件。

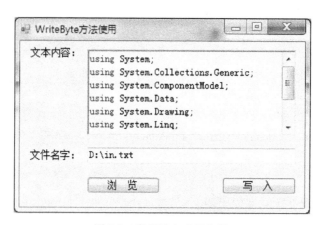

图 7-3 字节流方式写文件

"浏览"按钮单击事件处理程序如下。

```
private void button1_Click(object sender, EventArgs e)
{
    DialogResult dialogResult = openFileDialog1. ShowDialog( );     //打开文件对话框
    if (dialogResult == DialogResult. OK)
    {
        textBox1. Text = openFileDialog1. FileName;     //保存选择文件的路径到 textBox1 中
    }
}
```

"写入"按钮单击事件处理程序如下。

```
private void button2_Click(object sender, EventArgs e)
{
    if(textBox1. Text == " ")      //如果没有选择文件,则提示需要先选择文件才能进行
                                    写入操作
    {
        MessageBox. Show("请先选择文件", "错误提示");
        return;
    }
    FileStream fileStream = new FileStream(textBox1. Text, FileMode. Append);
    ASCIIEncoding ae = new ASCIIEncoding();      //设置 ASCII 编码
    byte[] writeByte = ae. GetBytes(richTextBox1. Text);      //将富文本框中的内容
                                    转换成字节数组
    for(int i = 0; i < richTextBox1. Text. Length; i ++)      //将字节数组中的内容
                                    依次写入文件
    {
        fileStream. WriteByte(writeByte[i]);
    }
    fileStream. Close();      //关闭文件
    richTextBox1. Clear();      //清除 richTextBox1 中的内容
}
```

使用 FileStream 类的 Write 方法可以将一个数据块写入到指定文件。Write 方法的最常用形式:

```
int Write(byte[] array, int offset, int count)
```

Write 方法中的参数基本意义与 Read 方法相同,其功能是将 array 中的数据从 offset 指定的位置开始,向指定文件中写入 count 个字节。

7.2.2 字符流的读/写

如果被处理的数据文件中包含的是 Unicode 编码字符,虽然也可以用字节流来实现输入/输出操作,但是很不方便,甚至可能造成乱码。C# 提供了专门派生于处理字符流输入/输出的基类 TextReader 和 TextWriter(必须导入 System. Text 命名空间)的派生类 StreamReader 和 StreamWriter 用来实现文件的字符方式读/写操作。

1. StreamReader 类

StreamReader 类用于从输入流中读取字符,StreamReader 对象的方法都是从抽象类 TextReader 继承而来的,常用方法见表 7-2。

StreamReader 类的构造函数进行了重载,下面是最常用的两种形式:

```
StreamReader(string path);
StreamReader(string path,   Encoding encoding);
```

表 7-2　StreamReader 对象的常用方法

方　　法	说　　明
Close( )	关闭 StreamReader 对象和基础流，并释放与读取器关联的所有系统资源
Read( )	从指定的索引位置开始，从当前流中读取规定最大长度的字符块并存入缓冲区
ReadBlock( )	从当前流中读取规定最大长度的字符块，并从指定的索引位置开始存入缓冲区
ReadLine( )	从当前流中读取一行字符，并将数据作为一个字符串返回
ReadToEnd( )	从流的当前位置开始到末尾，读取流的所有字符并作为一个字符串返回

构造函数的参数的意义如下。

1）path：文件的绝对路径（文件全名）。

2）encoding：从输入流中读取字符时的编码方式（默认编码方式为 UTF－8）。

【例 7-4】　创建如图 7-4 所示的 Windows 窗体应用程序，通过使用 StreamReader 对象读取指定文本文件的内容，并在富文本框中显示读出的文件内容。

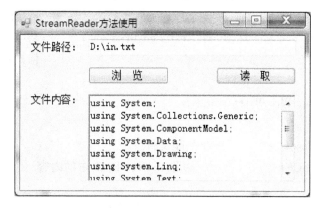

图 7-4　使用 StreamReader 对象读文件

"浏览"按钮单击事件处理程序如下。

```
private void button1_Click( object sender, EventArgs e)
{
    DialogResult dialogResult = openFileDialog1. ShowDialog( );        //通过打开文件对
                                                                        话框选择文件
    if ( dialogResult == DialogResult. OK )
    {
        textBox1. Text = openFileDialog1. FileName；        //保存选择文件的路径到 textBox1 中
    }
}
```

"读取"按钮单击事件处理程序如下。

```
private void button2_Click( object sender, EventArgs e)
{
    if ( textBox1. Text == "" )        //如果没有选择文件,则提示需要先选择文件才能进行
                                        读取操作
    {
```

```
        MessageBox. Show("请先选择文件","错误提示");
        return;
    }
    try        //通过异常处理方式去读取文件内容
    {
        StreamReader streamReader = new StreamReader(textBox1. Text, Encoding. Default);
        richTextBox1. Text = streamReader. ReadToEnd();        //利用 ReadToEnd()函数
                                                                将文件一次读完
        streamReader. Close();
    }
    catch
    {
        MessageBox. Show("文件打不开或者文件不存在",
                "文件打开错误",MessageBoxButtons. OK, MessageBoxIcon. Error);
    }
}
```

2. StreamWriter 类

StreamWriter 类用于向输出流中写入字符数据。StreamWriter 类的构造函数有多种重载形式，下面是最常用的两种形式：

```
StreamWriter(string path);
StreamWriter(string path,bool append);
```

其中，path 参数表示被处理的文件名，append 参数是一个布尔值：true 表示写入内容追加在指定文件的末尾；false（或省略该选项）则表示新写入内容将覆盖指定文件中的原有内容。

为了提高系统效率，用 StreamWriter 对象的 Write()或 WriteLine()方法向输出流写入字符数据块时，先将数据保存在缓冲区中，直到缓冲区满时才一次写入到磁盘。但是，当调用 Close()方法关闭 StreamWriter 对象时，无论缓冲区中的内容有多少，都全部写入磁盘。

【例 7-5】 创建如图 7-5 所示的 Windows 窗体应用程序，程序运行时首先在富文本框中输入欲写入文件的数据，然后单击"写入"按钮，富文本框中的内容写入指定文件。

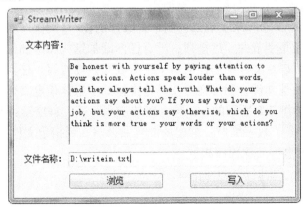

图 7-5　使用 StreamWriter 对象写文件

"浏览"按钮单击事件处理程序如下。

```
private void button1_Click(object sender, EventArgs e)
{
    DialogResult dialogResult = openFileDialog1. ShowDialog();    //通过打开文件对
                                                                    话框选择文件
    if (dialogResult == DialogResult. OK)
    {
        textBox1. Text = openFileDialog1. FileName;    //保存选择文件的路径到 textBox1 中
    }
}
```

"写入"按钮单击事件处理程序如下。

```
private void button2_Click(object sender, EventArgs e)
{
    if (textBox1. Text == "")    //如果没有选择文件,则提示需要先选择文件才能进行
                                   写入操作
    {
        MessageBox. Show("请先选择文件", "错误提示");
        return;
    }
    StreamWriter streamWriter = new StreamWriter(textBox1. Text, true);
    streamWriter. Write(richTextBox1. Text);    //将富文本框中的内容通过 Write()方法
                                                  写入到文件中
    streamWriter. Close();                        //关闭文件
    richTextBox1. Clear();                        //清空 richTextBox1 中的内容
}
```

7.2.3　二进制流的读/写

如果被处理的文件中包含非字符类型的数据,如整型、单精度型等,虽然也可以用字节流来实现输入/输出操作,但更好的方法是使用 C# 提供的专用于处理二进制流输入/输出的类 BinaryReader 和 BinaryWriter 来实现二进制格式数据的读/写操作。

二进制文件被看做是字节的顺序排列,没有任何附加结构和附加描述,二进制文件以字节为最小定界单位,可以从文件中的任何一个字节处开始读或写。任何文件都可以当作二进制文件来处理,包括图像文件、图形文件及其他类型的多媒体信息文件。

【例 7-6】　创建如图 7-6 所示的 Windows 窗体应用程序,程序运行时,通过使用 Binary-Writer 类的 Write 方法将"数字集合"框中的混合数据写入到指定文件。

"保存"按钮单击事件处理程序如下。

```
private void button1_Click(object sender, EventArgs e)
{
    string []sNums = textBox1. Text. Split(new char[]{'-'});
```

```
byte[ ] bNums = new byte[ sNums. Length];
for (int i = 0; i < sNums. Length; i ++ )
{
    bNums[ i ] = byte. Parse( sNums[ i ]. ToString( ) );
}
FileStream fs = new FileStream( textBox2. Text, FileMode. CreateNew, FileAccess. Write);
BinaryWriter bw = new BinaryWriter( fs);
bw. Write( bNums);
bw. Close( );
}
```

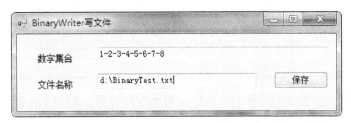

图 7-6　BinaryWriter 写文件

【**例 7-7**】　创建 Windows 窗体应用程序, 将例 7-6 保存到文件中的数据读出并显示 (显示数据可以考虑使用文本框或者标签控件)。

"读取" 按钮单击事件处理程序参考代码如下。

```
private void button1_Click( object sender, EventArgs e)
{
    try
    {
        FileStream fs = new FileStream( textBox1. Text, FileMode. Open, FileAccess. Read);
        byte[ ] bNums = new    byte[ 8 ];
        BinaryReader br = new BinaryReader( fs);
        bNums = br. ReadBytes( 10 );
        label1. Text += bNums[ 0 ];
        for (int i = 1; i < 8; i ++ )
            label1. Text += ' - ' + bNums[ i ];
        br. Close( );
    }
    catch (IOException ex)
    {
        MessageBox. Show( "读二进制文件失败");
    }
}
```

7.3 文件管理

7.3.1 File 类

File 类用于文件的创建、删除、移动等操作。File 类的常用方法见表7-3，这些方法是静态方法，使用这些方法应该使用类名 File 进行调用，形式为：File. 方法名。

表 7-3　File 类的方法

方 法 名	作 　 用	返回值类型
Exist( )	判断制定的文件是否存在	bool
Create( )	创建指定名称的文件	FileStream
Delete( )	删除指定名称的文件	void
Copy( )	复制源文件到目标文件	void
Move( )	移动源文件到目标文件	void

【例 7-8】　创建如图 7-7 所示的 Windows 窗体应用程序，利用 File 类实现如下功能：

1）创建文件，然后测试文件是否创建成功？

2）删除文件，然后测试文件是否删除成功？

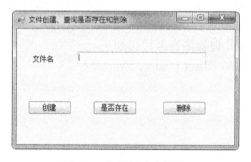

图 7-7　文件创建和删除

"创建"按钮单击事件处理程序如下。

```
private void btCreate_Click(object sender, EventArgs e)
{
    string FileName = textBox1. Text;
    try
    {
        File. Create(FileName);
    }
    catch (IOException ex)
    {
        MessageBox. Show(ex. ToString( ),"文件创建失败!");
    }
}
```

"是否存在"按钮单击事件处理程序如下。

```
private void btExist_Click(object sender, EventArgs e)
{
    string FileName = textBox1.Text;
    if (File.Exists(FileName))
        MessageBox.Show(FileName + "存在","判断文件是否存在");
    else
        MessageBox.Show(FileName + "不存在", "判断文件是否存在");
}
```

"删除"按钮单击事件处理程序如下。

```
private void btDelete_Click(object sender, EventArgs e)
{
    string FileName = textBox1.Text;
    try
    {
        File.Delete(FileName);
    }
    catch(IOException ex)
    {
        MessageBox.Show(ex.ToString(), "文件删除失败!");
    }
}
```

【例7-9】 创建如图7-8所示的Windows窗体应用程序，利用File类实现如下功能：
1）复制文件。
2）移动文件。

图7-8 文件复制和移动

"复制"按钮单击事件处理程序如下。

```
private void btCopy_Click(object sender, EventArgs e)
{
    string SourceFileName = txtSource.Text;
    string TargetFileName = txtTarget.Text;
    try
```

```
        {
                File. Copy(SourceFileName, TargetFileName);
        }
        catch (Exception ex)
        {
                MessageBox. Show(ex. ToString(), "复制文件出错");
        }
    }
```

"移动"按钮单击事件处理程序如下。

```
private void btMove_Click(object sender, EventArgs e)
{
    string SourceFileName = txtSource. Text;
    string TargetFileName = txtTarget. Text;
    try
    {
        File. Move(SourceFileName, TargetFileName);
    }
    catch (Exception ex)
    {
        MessageBox. Show(ex. ToString(), "移动文件出错");
    }
}
```

"删除"按钮单击事件处理程序如下。

```
private void btDelete_Click(object sender, EventArgs e)
{
    string TargetFileName = txtTarget. Text;
    try
    {
        File. Delete(TargetFileName);
    }
    catch(Exception ex)
    {
        MessageBox. Show(ex. ToString(),"删除文件失败");
    }
}
```

7.3.2 FileInfo 类

FileInfo 类的方法与 File 类的方法非常相似，所不同的是 FileInfo 类必须进行实例化，通过实例化后的对象才能调用这些相应的方法。FileInfo 类的常用方法见表7-4。

表7-4 FileInfo 类的常用方法

方　法　名	作　　用	返回值类型
Exists 属性	判断制定的文件是否存在	bool
Create( )	创建指定名称的文件	FileStream
Delete( )	删除指定名称的文件	void
CopyTo（目标文件名）	复制源文件到目标文件	void
MoveTo（目标文件名）	移动源文件到目标文件	void

【例7-10】 创建如图7-9所示的 Windows 窗体应用程序，演示使用 FileInfo 类相应方法创建文件、删除文件和使用 Exists 属性判断文件是否存在。

图 7-9 FileInfo 类创建和删除文件

"创建"按钮单击事件处理程序如下。

```
private void button1_Click( object sender, EventArgs e)
{
    try
    {
        string FileName = textBox1. Text;
        FileInfo fi = new FileInfo( FileName);
        fi. Create( );        //用实例( 对象) 调用 Create 方法创建文件
        MessageBox. Show( "创建文件成功");
    }
    catch ( IOException ex)
    {
        MessageBox. Show( "创建文件失败", ex. ToString( ));
    }
}
```

"判断"按钮单击事件处理程序如下。

```
private void button2_Click( object sender, EventArgs e)
{
    string FileName = textBox1. Text;
    FileInfo fi = new FileInfo( FileName);
    if ( fi. Exists)        //用实例( 对象) 调用 Exists 属性判断文件是否存在
        MessageBox. Show( "文件存在");
    else
```

```
                    MessageBox.Show("文件不存在");
    }
```

"删除"按钮单击事件处理程序如下。

```
private void button3_Click(object sender, EventArgs e)
{
        try
        {
                string FileName = textBox1.Text;
                FileInfo fi = new FileInfo(FileName);
                if (fi.Exists)
                {
                        fi.Delete();        //用实例(对象)调用 Delete 方法删除文件
                        MessageBox.Show("删除文件成功");
                }
        }
        catch (IOException ex)
        {
                MessageBox.Show("删除文件失败", ex.ToString());
        }
}
```

【例 7-11】 创建如图 7-10 所示的 Windows 窗体应用程序,演示使用 FileInfo 类相应方法复制文件和移动文件。

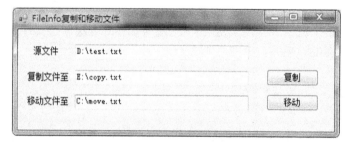

图 7-10 FileInfo 类复制和移动文件

"复制"按钮单击事件处理程序如下。

```
private void button1_Click(object sender, EventArgs e)
{
        try
        {
                string SourceFileName = textBox1.Text;
                string TargetFileName = textBox2.Text;
                FileInfo fi = new FileInfo(SourceFileName);
                fi.CopyTo(TargetFileName);
```

```
            MessageBox. Show("复制文件成功");
        }
    catch（IOException ex）
        {
            MessageBox. Show("复制文件失败");
        }
}
```

"移动"按钮单击事件处理程序如下。

```
private void button2_Click(object sender，EventArgs e)
{
    try
        {
            string SourceFileName = textBox1. Text;
            string TargetFileName = textBox3. Text;
            FileInfo fi = new FileInfo(SourceFileName);
            fi. MoveTo(TargetFileName);
            MessageBox. Show("移动文件成功");
        }
    catch（IOException ex）
        {
            MessageBox. Show("移动文件失败");
        }
}
```

FileInfo 类除了 Exists 属性外，如果为了了解文件的详细信息，还可以使用下列属性获取：

1）文件所在目录：DirectoryName。

2）文件创建时间：CreationTime。

3）文件名：Name。

4）文件扩展名：Extension。

5）文件的全名（含路径）：FullName。

6）文件的字节长度：Length。

7）文件最近一次被访问时间：LastAccessTime。

8）文件最近一次被修改时间：LastWriteTime。

【例7-12】 创建如图 7-11 所示的 Windows 窗体应用程序，演示使用 FileInfo 类获取指定文件的各种属性信息。

"浏览"按钮单击事件处理程序如下。

```
private void btBrower_Click(object sender, EventArgs e)
{
    OpenFileDialog dia = new OpenFileDialog();
```

```
dia. InitialDirectory = "d:\\";
if (dia. ShowDialog( ) == DialogResult. OK)
{
    txtFileName. Text = dia. FileName;
    FileInfo info = new FileInfo (dia. FileName);
    labAttributes. Text += "\n\n";
    labAttributes. Text += "所在目录全路径:" + info. DirectoryName + "\n";
    labAttributes. Text += "创建时间:" + info. CreationTime + "\n";
    labAttributes. Text += "最近访问时间:" + info. LastAccessTime + "\n";
    labAttributes. Text += "最近写入时间:" + info. LastWriteTime + "\n";
    labAttributes. Text += "全名:" + info. FullName + "\n";
    labAttributes. Text += "文件名：   " + info. Name + "\n";
    labAttributes. Text += "扩展名：   " + info. Extension + "\n";
    labAttributes. Text += "长度：    " + info. Length + "\n";
}
}
```

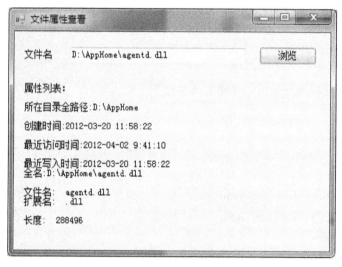

图 7-11　FileInfo 类查看文件属性

7.4　目录管理

在操作系统中，目录（Directory）与文件夹（Folder）实际上是同一个概念，本书对这两个名词的使用不加以严格区分。路径（Path）是描述文件或目录位置的字符串，绝对路径完整并且唯一地指定一个文件或目录的位置，相对路径以当前位置为起始点，指定文件或目录的位置。

在 C# 应用程序中，目录管理主要是通过 System. IO 命名空间之下的 Directory 类和 DirectoryInfo 类来实现的。

7.4.1 目录的创建与删除

Directory 类的 CreateDirectory 方法和 DirectoryInfo 类实例的 Create 方法可以按指定的路径创建目录。Directory 类和 DirectoryInfo 类的 Delete 方法可以删除指定的目录。Directory 类的 Move 方法和 DirectoryInfo 类实例的 MoveTo 方法，可以把指定的文件夹连同它所包含的所有内容，一起移动到指定的目标位置，常用形式如下：

Directory. Move(sourceDirectory, destinationDirectory)

DirectoryinfoExample. MoveTo(destinationDirectory)

其中，sourceDirectory 为包含完整路径的源文件夹名，destinationDirectory 为包含完整路径的目标文件夹名，directoryinfoExample 是 DirectoryInfo 类实例的名称。

【例 7-13】 创建如图 7-12 所示的 Windows 窗体应用程序，演示使用 Directory 类创建目录。

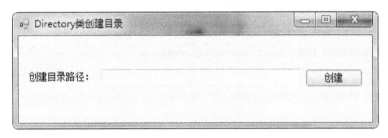

图 7-12 Directory 类创建目录

"创建"按钮单击事件处理程序如下。

```
private void button1_Click( object sender, EventArgs e)
{
    try
    {
        string directoryPath = textBox1. Text;        //获取 textBox1 中的目录路径
        if( Directory. Exists( directoryPath ) )
        {
            Directory. Delete( directoryPath );        //如果目录存在,则首先删除
            MessageBox. Show("目录已存在,需要删除后创建","目录存在",
                    MessageBoxButtons. OK, MessageBoxIcon. Warning);
        }
        Directory. CreateDirectory( directoryPath );        //调用 CreateDirectory 方法创建目录
        MessageBox. Show("目录创建成功","操作成功",
                    MessageBoxButtons. OK, MessageBoxIcon. Information);
    }
    catch( Exception ex)        //捕获创建目录的异常
    {
        MessageBox. Show( ex. ToString( ),"创建目录失败",
```

                    MessageBoxButtons. OK, MessageBoxIcon. Error);
    }
}

【例7-14】 创建如图 7-13 所示的 Windows 窗体应用程序，演示使用 DirectoryInfo 类的实例创建目录。

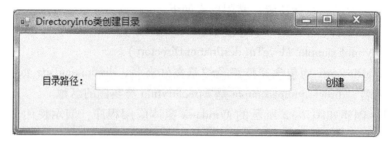

图 7-13　DirectoryInfo 类的实例创建目录

"创建" 按钮单击事件处里程序如下。

```csharp
private void button1_Click(object sender, EventArgs e)
{
    try
    {
        string str = textBox1. Text;              //获取 textBox1 中的目录路径
        DirectoryInfo directoryInfo = new DirectoryInfo(str);
        if (directoryInfo. Exists)
        {
            directoryInfo. Delete();              //如果目录存在,则首先删除
            MessageBox. Show("目录已存在,需要删除后创建", "目录存在",
                MessageBoxButtons. OK, MessageBoxIcon. Warning);
        }
        directoryInfo. Create();   //通过实例 directoryInfo 调用 Create 方法创建目录
        MessageBox. Show("目录创建成功", "操作成功",
            MessageBoxButtons. OK, MessageBoxIcon. Information);
    }
    catch (Exception ex)        //捕获创建目录的异常
    {
        MessageBox. Show(ex. ToString(), "创建目录失败",
            MessageBoxButtons. OK, MessageBoxIcon. Error);      //捕捉程序异常,
                                                             并用消息框提示
    }
}
```

7.4.2　目录中文件和子目录信息的获取

调用 Directory 类的 GetFileSystemEntries( )方法,可以获取指定目录下的所有文件名和子目录名,该方法的返回值是一个 string 类型数组,每个数组元素的值是一个包含完整路径的文件名或子目录名。

如果只是获取指定目录下的全部文件名,可以调用 GetFiles( )方法;调用 GetDirectories( )方法则只是获取指定目录下的全部子目录名。

调用 DirectoryInfo 类实例的 GetFileSystemInfos( )方法,也能获取指定目录下的所有文件名和子目录名(但不包含路径),返回值也是一个数组。

【**例 7-15**】　创建如图 7-14 所示的 Windows 窗体应用程序,演示使用 Directory 类查看指定目录下的文件及子目录信息。

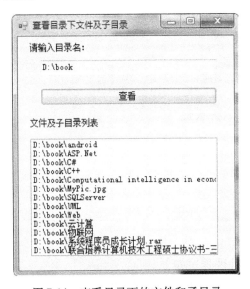

图 7-14　查看目录下的文件和子目录

"查看"按钮单击事件处理程序如下。

```
private void button1_Click( object sender, EventArgs e)
{
    string str = textBox1. Text;              //获取 textBox1 中目录的路径
    if( Directory. Exists( str) )             //判断如果目录存在,则显示目录下的文件
                                              // 及子目录
    {
        string[ ] dirs = Directory. GetFileSystemEntries( str);
                                              //指定目录下的信息保存到数组
        listBox1. Items. Clear( );            //清空列表框中的内容
        listBox1. Items. AddRange( dirs);     //将字符串数组中的内容添加到 listBox1 中
    }
}
```

7.4.3 复制指定目录下的文件

C# 没有提供复制整个目录内容的方法，实现目录复制可以通过下列步骤实现：

1）创建目标目录。

2）调用 Directory 类或 DirectoryInfo 对象的 GetFiles 方法，获取源目录之下的所有文件。

3）反复调用 Copy 或 CopyTo 方法将获取的文件逐个复制到目标目录。

【例 7-16】 创建如图 7-15 所示的 Windows 窗体应用程序，演示复制指定目录（文件夹）中所有内容的操作。

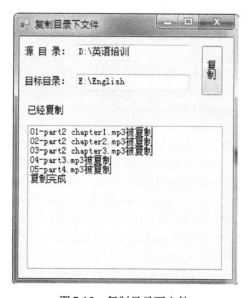

图 7-15　复制目录下文件

"复制"按钮单击事件处理程序如下。

```csharp
private void button1_Click(object sender, EventArgs e)
{
    DirectoryInfo source = new DirectoryInfo(textBox1.Text);        //获取源目录
    DirectoryInfo destination = new DirectoryInfo(textBox2.Text);   //获取目标目录
    if (! source.Exists)                        //判断源目录是否存在
    {
        MessageBox.Show("源目录不存在,请重新选择","源目录不存在",
            MessageBoxButtons.OK, MessageBoxIcon.Error);
        return;
    }
    if (! destination.Exists)                   //如果目标目录不存在则新建
    {
        destination.Create();
    }
    foreach(FileInfo f in source.GetFiles())
```

```
    {
        f. CopyTo( destination. FullName + "\\" + f. Name, true);
```
                                                //循环复制文件到目标目录
```
        listBox1. Items. Add( f. Name + "被复制");
    }
    listBox1. Items. Add( "复制完成");
}
```

7.4.4　删除指定目录下的文件

C# 没有提供删除整个目录的方法，删除目录可以通过下列步骤实现：

1）判断被删除目录是否存在（存在的情况下才能实现删除）。

2）调用 Directory 类或 DirectoryInfo 对象的 GetFiles 方法，获取源目录之下的所有文件。

3）反复调用 Delete 方法逐个删除目录中的所有文件。

【例 7-17】　创建如图 7-16 所示的 Windows 窗体应用程序，演示删除指定目录（文件夹）中所有文件内容的操作。

图 7-16　删除指定目录下的文件

"删除" 按钮单击事件处理程序如下。

```
private void button1_Click( object sender, EventArgs e)
{
    DirectoryInfo di = new DirectoryInfo( textBox1. Text);    //获取指定目录
    if ( ! di. Exists)    //判断指定目录是否存在
    {
        MessageBox. Show( "源目录不存在,请重新选择", "源目录不存在",
            MessageBoxButtons. OK, MessageBoxIcon. Error);
        return;
    }
    foreach ( FileInfo f in di. GetFiles())    //循环删除指定目录下的所有文件
    {
```

```
            f. Delete();
            listBox1. Items. Add(f. Name + "被删除");
        }
        listBox1. Items. Add(di. FullName + "下文件均被删除");
    }
```

习　题

一、单项选择题

1. 下面所列 FileStream 对象的文件访问模式中，错误的是（　　）。
   A. Read　　　　　　　　　　B. ReadWrite
   C. Delete　　　　　　　　　D. Write

2. 用 FileStream 对象创建新文件时，若 FileMode 为（　　），则当指定的文件已经存在时会将该文件覆盖。
   A. Append　　　　　　　　　B. CreateNew
   C. Open　　　　　　　　　　D. New

3. SteamReader 对象可以通过（　　）方法一次性地读取文件中的所有内容。
   A. Read　　　　　　　　　　B. ReadToEnd
   C. ReadLine　　　　　　　　D. ReadLines

4. BinaryReader 类用于对（　　）文件内容进行写入和读出。
   A. 字节流　　　　　　　　　B. 二进制流
   C. 字符流　　　　　　　　　D. 网络数据流

5. 在 FileInfo 类的对象实例的属性中，表示最近访问时间是（　　）。
   A. LastAccessTime　　　　　B. LastTime
   C. LastWriteTime　　　　　D. LastReadTime

6. DirectoryInfo 类实例用于获取指定目录下的所有文件名称的方法是（　　）。
   A. GetDirectories　　　　　B. GetAllSubDirs
   C. GetFiles　　　　　　　　D. GetObjects

7. OpenFileDialog 类的实例，用于设置初始目录的属性是（　　）。
   A. InitFolder　　　　　　　B. InitialFolder
   C. InitialDirectory　　　　D. SelectedDirectories

8. 下面关于流的描述中，错误的是（　　）。
   A. 流就像管道一样，连通了信息的两端
   B. 流就是以一个对象为源或目的进行信息传送的对象
   C. 流传输的是二进制数据，因此以 bit 为单位进行信息的传递
   D. System. out 是连接程序和标准输出设备的流

9. File 类用于判定文件是否存在的方法是（　　）。
   A. IsExist　　　　　　　　B. IsThere
   C. IsHave　　　　　　　　D. 都不对

10. 判断一个 FileStream 对象所代表的字节流能否支持查找操作，可以使用的属性是
（　　）。

A. CanRead　　　　　　　　　　B. CanSeek

C. ReadWrite　　　　　　　　　　D. CanIndexof

二、程序设计题

1. 设有一个内容为英语短文的文件，编制程序将该文件中的所有英语字母转换为大写字母。

2. 创建一个幻灯片效果的浏览程序，程序中用 FolderBrowseDialog 选择图片文件存储位置并显示在图片框中，单击窗体上的图片切换到下一张图片。

3. 创建 Windows 应用程序，实现文件简单加密/解密功能。

（1）应用程序主窗口（见图 7-17a）

1）"退出"按钮（退出应用程序）。

2）"文件加密"按钮（显示文件加密窗口）。

3）"文件解密"按钮（显示文件解密窗口）。

（2）文件加密窗口（见图 7-17b）

1）"文件名"标签/文本框（输入文件名字或浏览选择）。

2）"密文名"标签/文本框（输入密文名字或浏览选择）。

3）"密码"标签/文本框（输入加密密码数字）。

4）"文件加密"按钮（开始文件加密）。

5）"加密结束"按钮，加密操作结束才可用，单击结束加密。

（3）文件解密窗口（见图 7-17c）

1）"密文名"标签/文本框（输入密文名字或浏览选择）。

2）"文件名"标签/文本框（输入文件名字或浏览选择）。

3）"密码"标签/文本框（输入解密密码数字）。

4）"文件解密"按钮（开始文件解密）。

5）"解密结束"按钮，解密操作结束才可用，单击结束解密。

图 7-17　简单文件加密/解密

4. 设计 Windows 窗体应用程序，程序运行时读出指定的二进制文件，并使用标签将文件数据按十六进制数的形式显示出来。

5. 设计 Windows 窗体应用程序，将指定目录下的文件和子目录全部复制到其他的地方。

第8章　Web 程序开发基础

Web 程序就是通常所说的浏览器/服务器（Brower/Server，B/S）模式的程序。例如，网站、论坛等都属于 Web 程序。Web 程序开发就是开发 Web 页面，这些 Web 页面存储在 Web 服务器上，用户只需要使用浏览器就可以对其进行访问。

目前，进行 Web 开发的主要技术有 ASP．NET、JSP、PHP 等。C# 采用 ASP．NET 技术开发 Web 应用程序，Visual Studio 2010 中提供了专用的 Web 开发工具，可以进行 ASP．NET 快速开发，并且内建了 Web 服务器，因此可以直接在 Visual Studio 2010 中进行 Web 页面开发。Visual Studio 2010 中开发 Web 应用程序过程与开发 Windows 应用程序开发类似，因此，熟悉 Windows 应用程序的用户可以快速地学习 Web 应用程序的开发。

8.1　Web 页面结构分析

根据前面介绍的知识创建一个默认的网站，在该网站中添加 Web 窗体后即在该网站添加了一个 Web 页面，如图 1-16 所示。在 ASP．NET 中，一个 Web 页面由两个具有相同文件名但扩展名不同的文件组成的。例如，新建的 Login 页面包含如下两个部分：

1）实现页面前台布局的前台页面文件，文件名为 Login. aspx。

2）实现业务逻辑的后台代码文件，文件名为 Login. cs。

8.1.1　前台页面文件分析

前台页面文件是一个由内容和 HTML 标记组成的静态网页，该页面在新建 Web 窗体时创建，也可以使用 FrontPage、Dreamweaver 等软件进行编辑。图 8-1 是 Login. aspx 添加了控件后的源代码视图。

ASP．NET 中每个 Web 页面的前台页面文件中开头都包含一条 Page 指令，通过它的属性设置来实现与后台代码文件的联系，常见格式如下：

　　< % @　Page Language = ″C# ″ AutoEventWireup = ″true″ CodeFile = ″Login. aspx. cs″ Inherits = ″Login″ % >

Page 指令中包括的常用属性如下。

1）CodeFile：与前台页面文件相关联的后台代码文件名。

2）Inherits：与前台页面文件相关联的后台代码类的类名。

3）Language：编写后台代码所使用的语言。

4）AutoEventWireup：指示页面的事件是否自动连接代理。

如图 8-1 所示，Page 指令以下的代码为 HTML 代码，构成了 Web 页面的主体结构。图 8-2 是在设计视图中的前台页面，由于还没有进行任何页面元素设计，所以此时前台页面在设计视图中是一片空白。

图 8-1 Welcome 页面的源代码视图

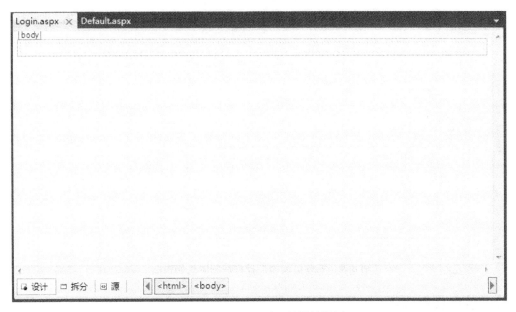

图 8-2 Welcome 页面的设计视图

在设计视图中，每次向页面中添加一个控件，都将自动地在源视图中添加相应的 HTML 标记，每个控件都被赋予唯一的 ID。设计视图中只显示 Web 页面运行时可见的部分。

在设计视图中，可以将工具箱中的控件添加到 Web 页面中，添加方法与开发 Windows 窗体中控件类似。例如，向 Web 页面中添加两个标签、两个文本框和一个按钮后，Web 页面如图 8-3 所示。

添加控件到设计视图后，Web 页面的源代码视图如图 8-4 所示，其中虚线框内为添加控件后自动生成的代码。

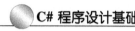

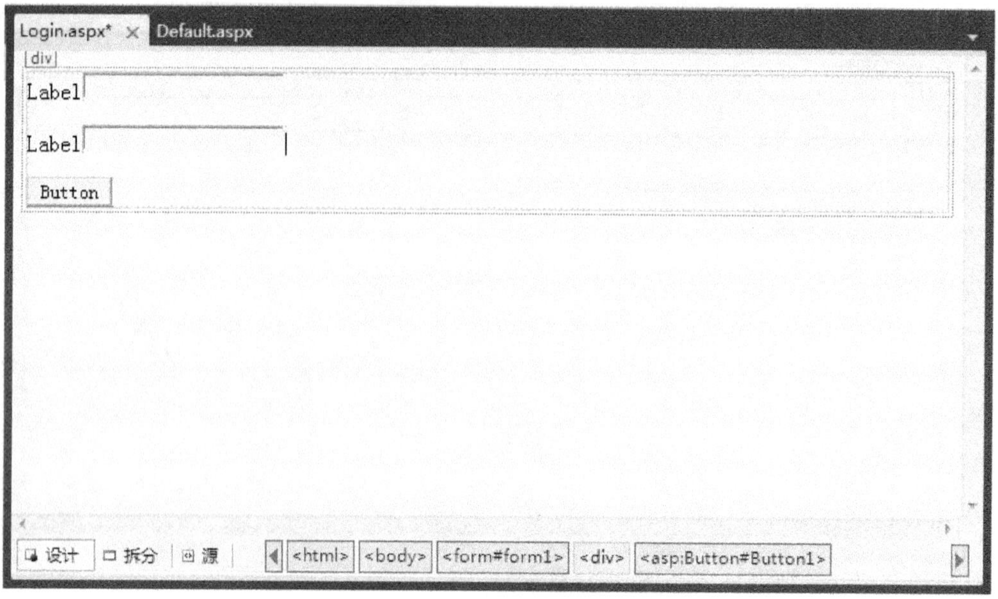

图 8-3　Web 页面添加控件后的设计视图

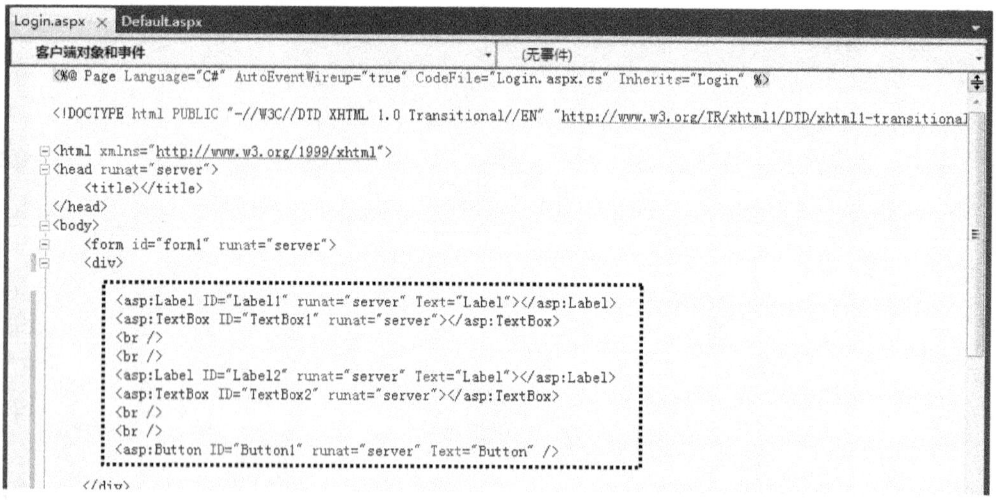

图 8-4　Web 页面添加控件后的源代码视图

8.1.2　后台代码文件

伴随 Login 页面文件同时生成的后台代码文件如图 8-5 所示，后台代码文件中首先自动地引入了一系列命名空间，并且定义了一个继承自 System. Web. UI. Page 类的 Login 类。Login 类的代码中，总是自动生成一个 Page_ Load( )事件过程。每当客户发出访问这个页面的 HTTP 请求时，这个页面就会被加载，激发 Load 事件，执行 Page_ Load( )事件过程中的所有代码。当页面第一次加载时，Page 类的 IsPostBack 属性值为 false；当页面被重新加载时，该属性的值为 true。如果希望 Page_ Load( )事件过程中的部分代码仅在页面第一次加载时执行，则可以利用 IsPostBack 属性来实现这项功能。

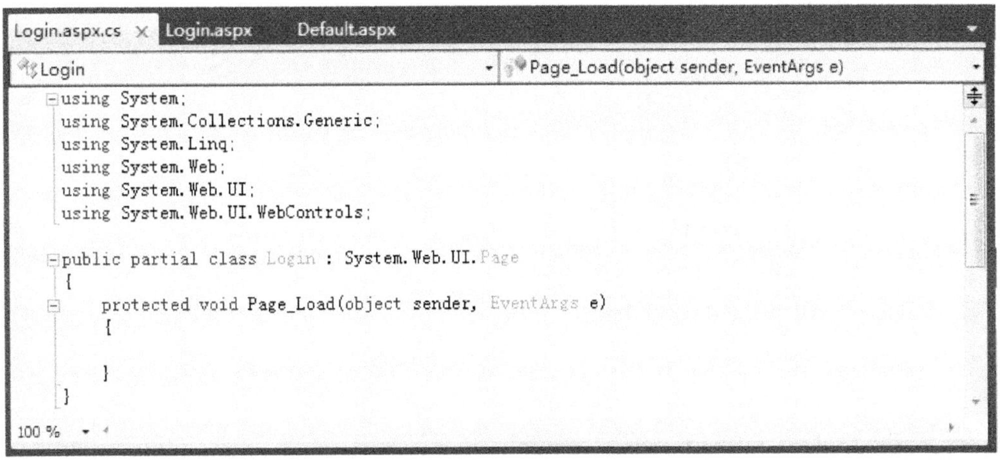

```
Login.aspx.cs  ×   Login.aspx      Default.aspx

Login                                              Page_Load(object sender, EventArgs e)

using System;
 using System.Collections.Generic;
 using System.Linq;
 using System.Web;
 using System.Web.UI;
 using System.Web.UI.WebControls;

public partial class Login : System.Web.UI.Page
 {
     protected void Page_Load(object sender, EventArgs e)
     {

     }
 }

100 %
```

图 8-5　Login 页面的后台代码文件

在设计视图中，每添加一个控件到窗体中，即在页面中声明并实例化了该控件类的一个对象，通过这些对象可以对控件进行属性的设置，也可以为这些控件添加响应各类 Windows 事件的方法。

1. 控件属性

设置控件属性有两种方式，一种是在设计视图中，选中控件后右键单击，在 Visual Studio 2010 开发环境的右下角属性窗口中进行设置，如图 8-6 所示。对于本小节示例，在设计视图的属性窗口中修改了两个标签的 Text 属性。

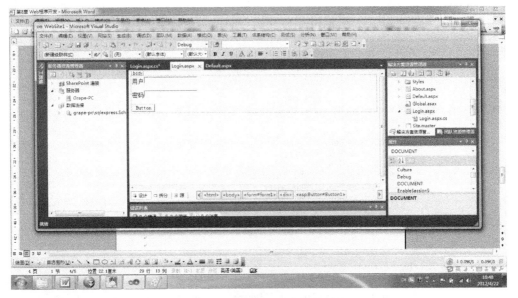

图 8-6　设计视图中修改控件属性

另一种设置控件属性的方法是在后台代码文件中添加 C# 语句，即在程序运行的过程中进行设置，如图 8-7 所示。对于本小节示例，在 Page_ Load( )方法中添加了如下代码：Button1. Text = "登录"；。

183

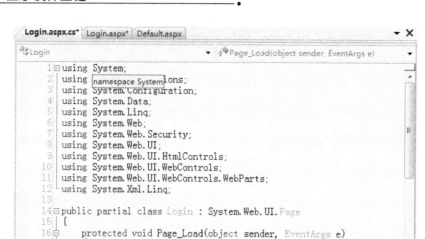

图 8-7　后台代码文件中修改控件属性

2. 控件响应事件

在设计视图中选中需要设计事件响应的控件后，在属性窗口中选择图标为"闪电"形状的"事件"按钮，然后从事件表中选择希望添加的事件，在后面的空文本框中用鼠标左键双击即可添加相应的事件响应方法。例如，可为 Login 页面上的按钮选择鼠标单击（Click）事件，添加后的后台代码文件如图 8- 8 所示，在"protected void Button1 _ Click（object sender，EventArgs e）"方法的方法体中添加响应该方法的程序语句。图 8-9 是本小节示例添加程序代码后的样式，图 8-10 是程序运行时的页面效果。

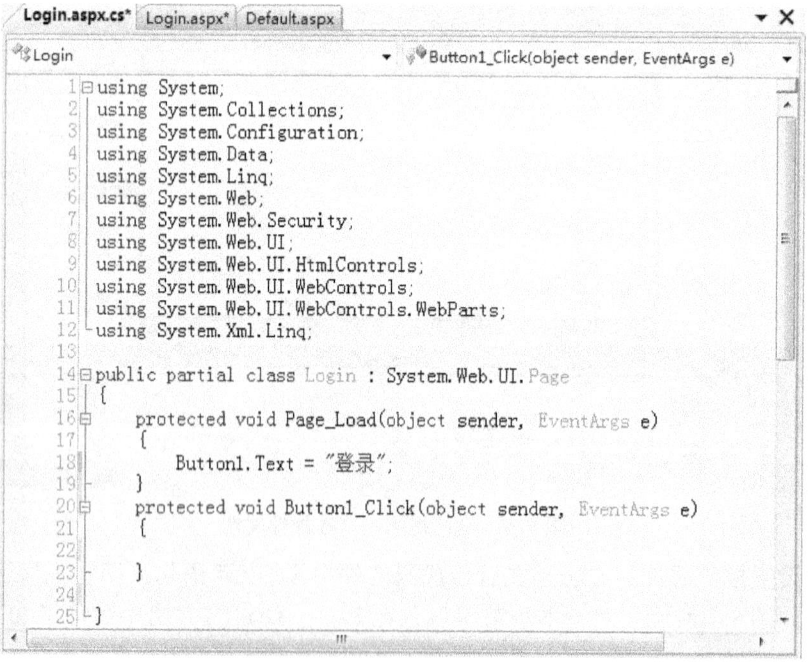

```
Login.aspx.cs*  Login.aspx*  Default.aspx                            ▼ ×
Login                              ▼  Button1_Click(object sender, EventArgs e)  ▼
 1 ⊟using System;
 2  using System.Collections;
 3  using System.Configuration;
 4  using System.Data;
 5  using System.Linq;
 6  using System.Web;
 7  using System.Web.Security;
 8  using System.Web.UI;
 9  using System.Web.UI.HtmlControls;
10  using System.Web.UI.WebControls;
11  using System.Web.UI.WebControls.WebParts;
12 └using System.Xml.Linq;
13
14 ⊟public partial class Login : System.Web.UI.Page
15  {
16      protected void Page_Load(object sender, EventArgs e)
17      {
18          Button1.Text = "登录";
19      }
20      protected void Button1_Click(object sender, EventArgs e)
21      {
22
23      }
24
25 └}
```

图 8-8　后台代码文件中添加响应事件的方法

184

```
Login.aspx.cs   Login.aspx*   Default.aspx                          ▼ ✕
🔩 Login                          ▼  🔩 Button1_Click(object sender, EventArgs e)  ▼
    7    using System.Web.Security;
    8    using System.Web.UI;
    9    using System.Web.UI.HtmlControls;
   10    using System.Web.UI.WebControls;
   11    using System.Web.UI.WebControls.WebParts;
   12    using System.Xml.Linq;
   13
   14 ⊟ public partial class Login : System.Web.UI.Page
   15    {
   16 ⊟     protected void Page_Load(object sender, EventArgs e)
   17        {
   18            Button1.Text = "登录";
   19        }
   20        protected void Button1_Click(object sender, EventArgs e)
   21        {
   22            if (TextBox1.Text.Length <= 0)
   23            {
   24                Label1.Text = "请输入用户";
   25            }
   26            if (TextBox2.Text.Length <= 0)
   27            {
   28                Label2.Text = "请输入密码";
   29            }|
   30
```

图 8-9　添加程序代码后的样式

图 8-10　页面运行效果

在对 ASP.NET 中 Web 页面前后台文件分析后，可以发现 ASP.NET 中 Web 页面的开发与 Windows 窗体应用程序的开发基本相同，因此，熟悉 Windows 窗体应用程序开发的用户可以快速地学习使用 C# 进行 Web 页面的开发，这也是 Visual Studio 的一大特点，缩小了 Windows 窗体应用程序与 Web 应用程序之间的差别。

虽然 C# 开发 Windows 窗体应用程序与 Web 应用程序步骤相似，但是二者之间还是存在一些较为明显的差别。Windows 窗体应用程序的程序代码在本机运行，而 Web 应用程序是由用户浏览器向服务器发出页面请求，Web 服务器响应请求后将 ASP.NET 页面生成的，由 HTML 表示的网页文件返回到用户的浏览器中进行显示，Web 页面中响应事件的方法也是在服务器端运行，重新生成 HTML 网页文件。

8.2　Web 控件

Visual Studio 2010 为 Web 应用程序的开发提供了类型丰富而且功能强大的控件，主要包括标准控件、HTML 控件、数据控件等类型，这些控件同样存放在工具箱中，其中大部分控件与 Windows 窗体控件的外形非常相似，并且具有相似的属性和方法。除此之外，Visual Studio 2010 还提供了一些专门针对网页开发的控件。

在 Windows 窗体应用程序中，可以把控件放置在窗体中的任意位置，而在网页上添加控件时，却只能将其放在当前光标位置上。为了实现控件在整个页面上的定位，通常需要使用表格，即把控件放进选定的单元格内。这种控件定位方式确实不够灵活，但只有这样布局的页面，才能在不同类型的浏览器下都正常显示。

8.2.1　通用控件

ASP．NET 中提供了两套与 Windows 窗体中类似的控件：Web 控件和 HTML 控件。

1. Web 控件

Web 控件又称为 Web 服务器控件，必须添加到前台网页文件中的 < form > 和 </form > 标记之间。需要特别强调的是，创建 Web 应用程序时选择的虚拟目录名必须是不包含中文和其他特殊符号的，否则无法把控件添加到网页上。例如，在 8.1 节的示例中，Login. aspx 页面上添加了两个 Label 控件，两个 TextBox 控件和 1 个 Button 控件，在该页面的源代码视图中，它们的 HTML 代码描述如下：

```
< form id = "form1" runat = "server" >
    < asp:Label ID = "Label1" runat = "server" Text = "用户:" > </asp:Label >
    < asp:TextBox ID = "TextBox1" runat = "server" > </asp:TextBox >
    < br / >
    < asp:Label ID = "Label2" runat = "server" Text = "密码:" > </asp:Label >
    < asp:TextBox ID = "TextBox2" runat = "server" > </asp:TextBox >
    < br / >
    < asp:Button ID = "Button1" runat = "server" onclick = "Button1_Click" Text = "Button1"/ >
        </form >
```

从上面的代码可以看到，每个控件都用一对 HTML 标记来声明，如 < asp:Label > 和 </asp:Label >，前面一对尖括号（ < > ）中的内容称为开始标记，控件的类型、名称和其他属性都在开始标记中设置，后面一对尖括号中的内容称为结束标记。以上面针对按钮控件 Button1 的代码为例，说明开始标记中各项内容的意义：

1）asp：Button：声明控件类型为控钮。

2）ID = "Button1"：控件的名称，必须具有唯一性。

3）runat = "server"：说明控件是在服务器端运行的，不可缺少。

4）onclick = "Button1_ Click"：发生按钮单击事件后应调用的事件处理过程。

5）Text = "提交"：显示在按钮表面的文字。

6）Width = "95px"：按钮的宽度。

对于标记之间没有任何内容的控件，结束标记可以省略。例如，声明 Label 控件的标记可以写为 < asp：Label ／ > 。

在网页文件的设计视图中双击按钮控件图标，就会在按钮的开始标记中自动生成 on-click 事件调用，例如，上面代码中的 onclick = ″Button1_Click″，同时会在后台代码文件中生成事件过程的框架代码。

2. HTML 控件

HTML 控件是从 Visual Studio 2008 开始提供的一组控件，目的是为了与老版本的 ASP 应用程序兼容。HTML 控件使用起来不如标准控件那样方便，通常用来作为对标准控件的一种补充。

在 C# 开发的 Web 应用程序中，使用最广泛的 HTML 控件应为 Table，将它从工具箱拖放到网页上，就会自动生成一个 3 × 3 的表格。执行菜单项 "表" → "插入表"，在随后弹出的 "插入表格" 对话框（如图 8-11 所示）中设计表的样式，能够更加方便灵活地进行设计。

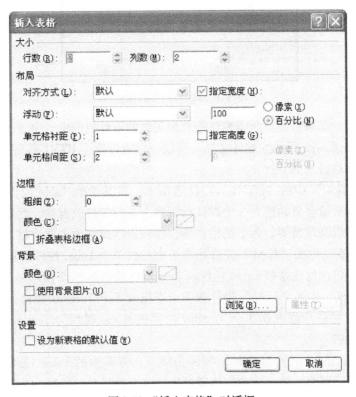

图 8-11 "插入表格" 对话框

把 HTML 控件中的 Input（Button）控件添加到网页上，外观上与标准控件的按钮是完全相同的，但它在源代码视图中生成的 HTML 标记却有着显著的不同之处：

< input id = ″Button1″ type = ″button″ value = ″button″ onclick = ″return Button1_onclick（）″ ／ >

其中的 value 属性相当于标准控件的 Text 属性，onclick 代码是在设计视图中双击按钮之后自动生成的，同时生成了用来响应按钮单击事件的框架代码，但它位于网页文件内，并且

默认要求用 JavaScript 编写脚本程序。HTML 控件的标记中不包含 runat = "server" 属性，因为它是在客户端运行的。

【例 8-1】 设计一个网页作为用户注册界面。程序中设计一个 Person 类，该类包含姓名、密码1、密码2、性别、专业、爱好和自我介绍等信息，并定义该类的实例用于存储用户的个人信息。要求程序运行的效果如图 8-12 所示。

用户名	
输入密码	
确认密码	
性别	◦男　　　　　　　　　　◦女
专业	欧美文学　　　　　　　　　　▾
爱好	☐篮球　　　☐排球　　　☐足球 ☐羽毛球　　☐网球　　　☐台球
个人介绍	
	清空　　　　　　　　　提交

图 8-12　运行的注册界面

在界面设计时，如果直接将所需控件拖放到页面的设计视图中，由于控件只能放在光标处所以很难实现如图 8-12 所示的控件布局，所以可以通过使用 HTML 控件中的 Table 控件来进行控件布局。具体做法如下：

1）选择"工具箱"中的"HTML"控件选项卡，将其中的 Table 控件拖放到设计视图的页面中释放，释放后会自动建立一个默认行列数为 3 行 3 列的表格，然后对表格进行增加或删除行和列操作以满足需要。为了描述方便，将该表格简称为边框表格。

2）从"工具箱"中的"标准"控件选项卡中拖放 7 个 Label 控件到边框表格第 1 列的前 7 个格子中，并依次修改这些 Label 控件的 Text 属性为如图 8-12 所示的文字。

3）从"工具箱"中的"标准"控件选项卡中拖放 3 个 TextBox 控件到边框表格第 2 列的前 3 个格子中，并依次修改这 3 个 TextBox 控件的 Name 属性为 TextUserName、TextPassword1、TextPassword2。

4）选择"工具箱"中的"HTML"控件选项卡，将其中的 Table 控件拖放到边框表格第 2 列的第 4 个格子释放，将生成的表格通过删除多余的行和列修改为 1 行 2 列的表格，然后从"工具箱"中的"标准"控件选项卡中拖放两个 RadioButton 控件到新建的 1 行 2 列的表格的两个格子中，依次修改这两个 RadioButton 控件的 Name 属性为 RadioMale，RadioFeamle，并依次修改这两个 RadioButton 控件的 Text 属性为男、女。

5）选择"工具箱"中的"标准"控件选项卡，拖放 1 个 DropDownList 控件到边框表格第 2 列的第 5 个格子释放，修改 DropDownList 的 Name 属性为 DropListMajor，选中 DropDownList 控件，选择该控件的 Items 属性后的集合按钮，在如图 8-13 所示的"ListItem 集合编辑器"中加入可选项。

图 8-13　DropDownList 选项编辑

6）选择"工具箱"中的"HTML"控件选项卡，将其中的 Table 控件拖放到边框表格第 2 列的第 5 个格子释放，将生成的表格通过删除多余的行和列修改为 2 行 3 列的表格，然后从"工具箱"中的"标准"控件选项卡中拖放 6 个 CheckBox 控件分别到新建的 2 行 3 列的表格的 6 个格子中，依次修改这 6 个 CheckBox 控件的 Name 属性为 CheckBasketball、CheckVolleyball、CheckFootball、CheckBadminton、CheckTennis、CheckBilliards，并依次修改这 6 个 CheckBox 控件的 Text 属性为篮球、排球、足球、羽毛球、网球和台球。

7）选择"工具箱"中的"标准"控件选项卡，拖放 1 个 TextBox 控件到边框表格第 2 列的第 7 个格子释放，修改该控件的 Name 属性为 TextIntroduction。

8）选择"工具箱"中的"HTML"控件选项卡，将其中的 Table 控件拖放到边框表格第 2 列的第 8 个格子释放，将生成的表格通过删除多余的行和列修改为 1 行 2 列的表格，然后从"工具箱"中的"标准"控件选项卡中拖放两个 Button 控件到新建的 1 行 2 列的表格的两个格子中，依次修改这两个 Button 控件的 Name 属性为 ButtonClear、ButtonSubmit，并依次修改这两个 Button 控件的 Text 属性为清空，提交。

经过上面的 8 个步骤，设计好了程序所需要的界面。下面需要设计程序中所需要的数据类型 Person 类，具体做法如下：

选中"解决方案资源管理器"中的"App_ Code"目录，单击鼠标右键，在弹出的快捷菜单中选择"添加新项"，在添加新项目的对话框中选择"类"，并修改该类的名称为 Person，单击"确定"按钮后在 Person. cs 文件中定义类的成员，代码如下：

public class Person

```
{
    public string Name;
    public string Password1;
    public string Password2;
    public char Sex;
    public string Major;
    public ArrayList Interests;
    public string Introduction;
    public Person()
    {
        Interests = new ArrayList();
    }
}
```

设计好程序所需要的类后，还需要为"清空"和"提交"两个按钮添加"Click 事件"，并在相应的事件响应方法中添加程序代码。

```
//"提交"按钮单击事件处理程序
protected void Button1_Click(object sender, EventArgs e)
{
    Person man = new Person();
    man.Name = TextUserName.Text;
    man.Password1 = TextPassword1.Text;
    man.Password2 = TextPassword2.Text;
    if (RadioFemale.Checked)
        man.Sex = 'f';
    if(RadioMale.Checked)
        man.Sex = 'm';
    man.Major = DropListMajor.SelectedValue;
    if (CheckBasketball.Checked)
        man.Interests.Add("Baseketball");
    if (CheckVolleyball.Checked)
        man.Interests.Add("Volleyball");
    if (CheckFootball.Checked)
        man.Interests.Add("Football");
    if (CheckBadminton.Checked)
        man.Interests.Add("Badminton");
    if (CheckTennis.Checked)
        man.Interests.Add("Tennis");
    if (CheckBilliards.Checked)
        man.Interests.Add("Billiards");
```

man. Introduction = TextIntroduction. Text;

}

//"清空"按钮单击事件处理程序

protected void ButtonClear_Click(object sender, EventArgs e)

{

  TextUserName. Text = "";

  TextPassword1. Text = "";

  TextPassword2. Text = "";

  RadioFemale. Checked = false;

  RadioMale. Checked = false;

  CheckBasketball. Checked = false;

  CheckVolleyball. Checked = false;

  CheckFootball. Checked = false;

  CheckBadminton. Checked = false;

  CheckTennis. Checked = false;

  CheckBilliards. Checked = false;

  TextIntroduction. Text = "";

}

经过上面的步骤后，已经设计好了所需的界面并进行了所需要的编码工作，程序运行的界面如图 8-12 所示，注册信息的填写示例如图 8-14 所示。

图 8-14　填写后的注册界面

8.2.2　网页专用控件

除了 Windows 窗体应用程序与 Web 应用程序通用的控件外，针对网页程序的需要，ASP.NET 中还提供了一组专用于网页程序的控件。下面介绍常用的几个网页专用控件的使用方法。

1. HyperLink 控件

HyperLink 控件的作用是构建超级链接，文字和图片均可作为超级链接，当单击这些超级链接时，网页即可跳转到另外的网页页面。HyperLink 常用属性如下：

1）Text：指定作为超级链接的文字。

2）Target：指定网页跳转后的新页面窗口。

3）NavigateUrl：指定新网页的网址或文件名。

4）ImgUrl：指定作为超级链接的图片文件路径（作为超级链接的图片文件必须包含在当前网页所在的 Web 网站中）。

【例 8-2】 设计网页程序，构建如图 8-15 所示的"门户网站"重要链接集合。程序运行时，单击超级链接后即可跳转到相应的网页。图 8-16 是程序运行时单击"搜狐"超级链接后出现的网页页面。

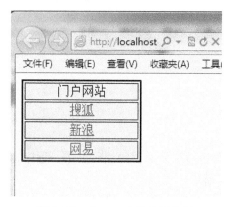

图 8-15　HyperLink 控件的使用

图 8-16　搜狐首页

设计如图 8-15 所示的网页时，可以按照下面步骤进行：

1）从"工具箱"的"HTML"选项卡中选择"Table"控件添加到页面中，删除多余的列构成 1 列 4 行的表格，通过该控件的 BgColor 属性设置表格的背景色，可以在弹出的颜色对话框中选择合适的颜色，并将 Border 属性设置为 2。

2）从"工具箱"的"标准"选项卡中选择"HyperLink"控件 3 次，分别添加到表格中的 2、3、4 格子中，分别修改 3 个空间的 Name 属性为 HLinkSohu、HLinkSina、HLink163。

3）按照表 8-1 中的信息对 3 个"HyperLink"控件的属性值进行设置。

表 8-1　例 8-2 的 HyperLink 控件属性设置

控 件 名	属 性	属 性 值
HLinkSohu	Text	搜狐
	NavigateUrl	http：//www.sohu.com
HLinkSina	Text	新浪
	NavigateUrl	http：//www.sina.com.cn
HLink163	Text	网易
	NavigateUrl	http：//www.163.com

经过上面 3 个步骤，即可实现满足要求的网页设计，运行该网页（可以通过单击 < F5 > 键运行），在网页中单击"搜狐"链接，立即跳转到如图 8-16 所示的搜狐主页页面。

2. TreeView

TreeView 是常用的导航控件，但 TreeView 使用时通常需要绑定 XML 数据或定义好的站点地图数据，这方面的使用已经超出本书讨论的范围，读者可参考其他资料学习这方面的内容。本书在此处仅讨论如何通过手工编写程序的方式生成可收缩的树形结构。

TreeView 控件第一次显示时，所有节点都会显示出来，但是可通过设置 TreeView 空间的 ExpandDepth 属性来控制树形结构展开的可见层次，如果 ExpandDepth 的属性设置为 2，那么只有前 3 层（第 0、1、2 层）会被展示出来。

树形结构中使用一个 TreeNode 类来表述树的每个节点，其常用属性见表 8-2。

表 8-2　TreeNode 类常用属性

属　　　性	说　　　明
Text	在树中为节点显示的文字
ToolTip	鼠标停留在节点上显示的提示文本信息
Value	保存关于节点的不显示的额外信息
NavigateUrl	单击节点时会跳转到的 URL
Target	设置新页面打开的位置
ImageUrl	显示在节点旁边的图片

【例 8-3】　构造如图 8-17 所示的 TreeView（树形视图），运行时树形视图的展开如图 8-18 所示。

图 8-17　TreeView 的使用

图 8-18　TreeView 的展开

设计所需树形视图时，从"工具箱"的"导航"选项卡中选择"TreeView"控件，并将该控件添加到处于设计视图的网页中，然后在对应的后台代码文件中进行代码编写，编写后的代码如下：

```
//页面加载事件处理程序
protected void Page_Load(object sender, EventArgs e)
{
    string[] Provices = {"四川","重庆","云南"};
    string[,] Sites = {{"九寨沟(四川)","四姑娘山(四川)","黄龙(四川)"},
                       {"仙女山(重庆)","三峡(重庆)","黑山谷(重庆)"},
                       {"丽江(云南)","大理(云南)","腾冲(云南)"}};
```

```
for ( int i = 0; i < Provices. Length; i ++ )
{
    TreeNode SonNode = new TreeNode( );
    SonNode. Text = Provices[i];
    SonNode. Expanded = false;
    for( int j = 0; j < Sites. Length/Provices. Length; j ++ )
    {
        TreeNode GrandSonNode = new TreeNode( );
        int temp = i * 100 + j;
        GrandSonNode. Text = Sites[i,j]. ToString( );
        GrandSonNode. Expanded = false;
        SonNode. ChildNodes. Add( GrandSonNode );
    }
    TreePlace. Nodes. Add( SonNode );
}
}
```

3. FileUpload 控件

在 Web 应用程序中，若需从客户端上传文件到服务器，通常只能在本地选择一个文件上传到服务器指定的虚拟目标，而且对上传文件的类型、大小和上传持续时间有严格的限制。

FileUpload 控件添加到网页中时，表现为一个文本框和一个"浏览"按钮的组合。网页运行时，单击"浏览"按钮，就像 OpenFileDialog 对话框一样，能以交互方式选择文件，并在文本框内显示被选中文件的完整路径。

【**例 8-4**】 创建如图 8-19 所示 Web 应用程序，以交互方式选择本机存储的图片文件，上传到服务器端指定的文件夹内。

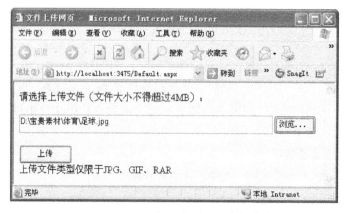

图 8-19　图片文件上传程序的运行网页

设计时，将 FileUpload、Button、Label 控件分别添加到网页中，摆放到适当位置，并把按钮的 Text 属性设置为"上传"。

双击"上传"按钮，在后台代码文件 Default. aspx. cs 中写入如下代码（由于涉及文件操作，本例要求导入 System. IO 命名空间）。

```
using System;
using System. IO;                        //涉及文件操作,必须引用这个命名空间
using System. Web;
using System. Web. UI;
using System. Web. UI. HtmlControls;
using System. Web. UI. WebControls;
namespace ex0804
{
    public partial class _Default : System. Web. UI. Page
    {
        protected void Page_Load( object sender, EventArgs e)
        {
            if ( IsPostBack == false)                      //如果是网页首次加载
                Label1. Text = "上传文件类型仅限于 JPG、GIF、RAR";
        }
        protected void Button1_Click( object sender, EventArgs e)
        {
            if ( FileUpload1. HasFile)                 //如果已经选中上传文件
            {
                string myfile = FileUpload1. FileName;        //获得上传文件的完整路径
                string myfileExt = Path. GetExtension( myfile). ToLower();    //获得扩展名
                string savefile = "";
                string temp = "";
                if ( myfileExt == ". jpg" || myfileExt == ". gif" || myfileExt == ". rar")
                {
                    Random rnd = new Random();
                    temp = rnd. Next( 100, 1000). ToString();        //生成一个文件名
                    savefile = String. Format( "{0:yyyyMMhhmmss}",
                                    DateTime. Now) + temp + myfileExt;
                    FileUpload1. SaveAs( Server. MapPath( " ~/images/" + savefile));
                                                        //保存上传文件
                    Label1. Text = "文件" + myfile + "上传成功!";
                }
                else
                {
                    Label1. Text = "上传文件类型不符合要求,仅限于 JPG、GIF、RAR";
                }
```

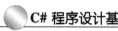

```
        }
        else
        {
            Label1. Text = "请选择要上传的文件";
        }
    }
}
```

上面程序中，Server. MapPath（）方法用于获取网站的 URL 地址所对应的物理路径，程序中 Server. MapPath("~/images/" + myfile) 指定网站根目录之下的 images 文件夹用来保存用户上传的文件。images 文件夹必须是预先创建的。

在 Web 环境中，很可能出现多个客户分头向同一个服务器上传文件的局面，文件名重复是不可避免的。在实际应用中，为了防止重名，通常用当前日期时间（精确到秒）再加上一个随机数生成的字符串对上传文件重命名。这样即使在同一时间内有多个客户同时上传，文件名重复的可能性也很小（但不能完全避免）。

系统默认的上传文件大小限制为 4MB，如果希望上传更大的文件，则可以在 Web. config 文件中使上传文件最大长度变为 100MB，上传时间最长为 60s，即增加如下代码：

```
< system. web >
    < httpRuntime maxRequestLength = "100000" executionTime = "60"/ >
</ system. web >
```

Web. config 是在创建 Web 应用程序时自动创建的一个配置文件，它采用 XML 节点结构，用来提供文件上传路径、数据库连接字符串等配置信息。网站 IIS 启动时会加载配置文件中的配置信息，并时刻监视配置文件的变化。

4. Calendar 控件

Calendar 控件可以在 Web 页面中显示一个单个月份的日历，用户可以使用控件中的箭头在月份中前后变换，用户使用鼠标单击一个具体的日期后，该选定日期变成一个灰色的方框，通过 Calendar 控件的 SelectedDate 属性可以获取选中的日期，该日期为 DateTime 类的实例。

【例 8-5】 在页面上添加两个 Calendar 控件，用于指定项目的起止时间，页面运行效果如图 8-20 所示，当单击其中一个"选择"按钮后，运行页面如图 8-21 所示。

按照如下步骤完成题目的设计要求：

1）从"工具箱"的"HTML"选项卡中选择"Table"控件添加到页面中，插入 1 列构成 4 列 3 行的表格，将 Border 属性设置为 2。

2）在第 1 列的相应格子中分别输入如图 8-20 所示文字。

3）从"工具箱"的"标准"选项卡中选择"TextBox"控件，分别插入到第 2 列的第 2、3 格子中，并分别修改两个"TextBox"控件的 name 属性为 TextStart 和 TextEnd。

4）从"工具箱"的"标准"选项卡中选择"Button"控件，分别插入到第 3 列的第 2、3 格子中，并分别修改两个"Button"控件的 name 属性为 ButtonStart 和 ButtonEnd。

5）从"工具箱"的"标准"选项卡中选择"Calendar"控件，分别插入到第 4 列的第

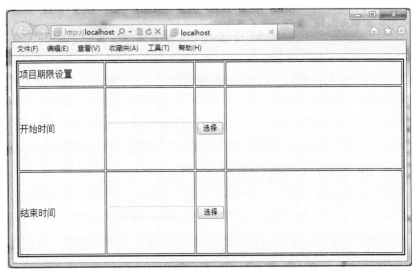

图 8-20　页面运行效果

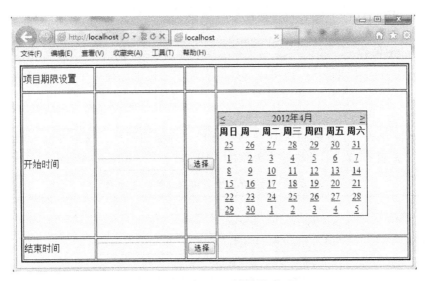

图 8-21　显示日历控件的页面

2、3 格子中，并分别修改两个"Calendar"控件的 name 属性为：CalendarStart 和 Calen-darEnd，并将两个"Calendar"控件的"Visible"属性值设置为"false"。

　　6）为页面上的两个按钮，分别添加"Click"事件的响应方法，为两个"Calendar"控件添加"SelectedChanged"事件的响应方法，并编写相应的代码，程序代码如下：

```
protected void Button1_Click(object sender, EventArgs e)
{
    CalendarStart. Visible = true;
}
protected void Button2_Click(object sender, EventArgs e)
{
    CalendarEnd. Visible = true;
```

```
    }
protected void CalendarStart_SelectionChanged( object sender, EventArgs e)
    {
        TextSart. Text = CalendarStart. SelectedDate. Date. ToString( );
        CalendarStart. Visible = false;
    }
protected void CalendarEnd_SelectionChanged( object sender, EventArgs e)
    {
        TextEnd. Text = CalendarStart. SelectedDate. Date. ToString( );
        CalendarEnd. Visible = false;
    }
```

上面程序中，按钮的"Click"事件响应方法将"Calendar"控件的"Visible"属性设置为"true"；当"Calendar"控件可见后，通过单击其上的日期，确定后会激发"Calendar"控件的"SelectionChanged"事件响应方法，因此，在该方法中首先通过"SelectedDate. Date"属性获取"Calendar"控件中选中的日期，然后修改"Calendar"控件的"Visible"属性，设置为"false"。

5. Adrotator 控件

Adrotator 控件的功能是从一组可以选择的图片中随机地选择一个显示在页面中。Web 开发中，Adrotator 控件的作用是在页面上显示一个"翻转"的广告，通过每次对页面的请求实现显示不同的广告内容。

Adrotator 控件从一个外部的 XML 文件中随机选择横幅图片，这个外部 XML 文件中描述了一些属性（见表8-3），通常称这个外部的 XML 文件为"Advertisements. XML 文件"。

表8-3　外部 XML 文件中描述的一些元素

属　　性	说　　明
ImageUrl	需要显示的图片文件名称
NavigateUrl	用户单击横幅图片将会打开的网页
AlternateText	图片无法显示时，替代显示的文字
Impressions	设置广告图片的出现频率，这个值与其他广告的值相关，例如，该值为 10 的广告出现的频率将会是值为 5 的广告的两倍
Keyword	关键词用来标识一类广告

Adrotator 控件通过设置其"AdvertiseMentFile"属性来与 Advertisements. XML 相关联。下面创建一个 Advertisements. XML，在 Web 网站中创建 XML 文件后，在其中编写如下的代码：

```
< ? xml version = "1. 0" encoding = "utf - 8" ? >
< Advertisements >
  < Ad >
    < ImageUrl > Desert. jpg < /ImageUrl >
    < NavigateUrl > http://www. sohu. com < /NavigateUrl >
    < AlternateText > 搜狐 < /AlternateText >
    < Impressions > 5 < /Impressions >
```

< Keyword > News < / Keyword >

< / Ad >

< Ad >

 < ImageUrl > Penguins. jpg < / ImageUrl >

 < NavigateUrl > http：// www. 163. com < / NavigateUrl >

 < AlternateText > 163 < / AlternateText >

 < Impressions > 5 < / Impressions >

 < Keyword > Micro < / Keyword >

< / Ad >

< / Advertisements >

【例 8-6】 利用上述 Advertisements. XML 文件，在页面中使用 Adrotator 控件，要求页面运行效果如图 8-22 所示。

图 8-22　Adrotator 控件使用页面

按照如下步骤完成设计要求：

1）在当前网站中添加一个"XML"文件，并将该文件命名为 Advertisements，然后将 Advertisements. XML 的内容录入其中并保存。

2）选择"Adrotator"控件并添加到页面中，设置该控件的 Width 和 Height 属性值为合适的大小，并设置该控件的 AdvertiseMentFile 属性值为刚建立的 Advertisements. XML 文件。

3）单击 < F5 > 键运行该网页，运行效果如图 8-22 所示，在该页面的空白处，单击鼠标右键，然后在弹出的快捷菜单中选择"刷新"命令，可见图片在随机发生改变。

8.3　不同页面间的信息传递

用户浏览网页时通常在不同的网页之间跳转，有些信息必须在网页之间进行传递。例如，网上购物时，用户在选购了一件商品后，可能还需要选择其他商品，此时就将用户已选购商品的信息传递到其他的网页。本小节介绍在两个页面之间传递信息的两种基本技术。

8.3.1　跨页传递

跨页传递是一种扩展的页面回传技术，使用跨页传递机制，可以将一个网页的全部信息传递到另外一个网页中。支持跨页传递的基础机制是一个名称为 PostBackUrl 的新属性，该属性定义在 IButtonControl 接口中，任何按钮类型的 Web 控件（如 Button 控件）都支持该属性。

使用跨页传递时只要简单地将传递按钮的 PostBackUrl 属性设置为目标 Web 页面的名称即可。当用户单击按钮时，页面将被回传给新 Url 指定的页面，并包含了当前页面中所有输入控件的值。

为了描述方便，假设分别建立了两个网页：OldPage. aspx 和 NewPage. aspx，希望将 OldPage 中控件的信息传递到 NewPage 中。使用跨页传递还有如下两个需要解决的问题：

1）NewPage 中要想访问 OldPage 页面中的控件，就必须先能访问 OldPage 页面。在每个网页中都有一个 PreviousPage 对象，该属性代表转到当前网页的上一个网页，为了在 NewPage 访问 OldPage，需要在 NewPage 中加入如下的 C# 代码：

OldPage prev = PreviousPage as OldPage；

其功能是将 PreviousPage 代表的通用页面类型转换为 OldPage 类型。

2）虽然通过设置按钮的"PostBackUrl"属性，将 OldPage 中的所有控件传递到 NewPage 页面中了，但是由于 ASP . NET 中每个页面上的控件是属于自己所在网页的私有成员，不能在其他的网页中访问，因此 OldPage 中的控件在 NewPage 中不能直接访问。解决该问题的办法是在 OldPage 中将需要 NewPage 访问的信息设置为公有的属性。

【例 8-7】 创建一个网页（OldPage），在 OldPage 页面中添加如图 8-23 所示的控件，修改相应的属性，在两个文本框中分别输入用户名和密码，并单击该页的"登录"按钮，跳转到新的网页（NewPage），在 NewPage 页面中输出原网页的文本控件中的文本值。

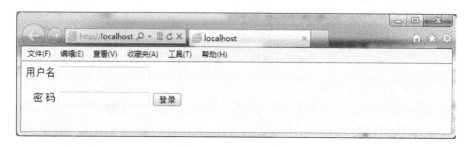

图 8-23　OldPage 页面

按照如下步骤完成设计要求：

1）新建一个 Web 窗体页面，命名为 OldPage. aspx，然后按照如图 8-23 所示添加需要的控件，将第 1 个文本框的 Name 属性改为 TextUsername，将第 2 个文本框的 Name 属性改为 TextPassword，将按钮的 Text 属性修改为"登录"，将按钮的 PostBackUrl 属性设置为" ~ / NewPage. aspx"（新建 NewPage 页面后，通过"选择 Url"对话框进行选择）。

2）在 OldPage 对应的后台代码文件中添加程序代码，添加完成后的代码如下：

```
using System；
using System. Collections. Generic；
using System. Linq；
using System. Web；
using System. Web. UI；
using System. Web. UI. WebControls；
public partial class OldPage ：System. Web. UI. Page
```

```
    {
        protected void Page_Load(object sender, EventArgs e)
        {
        }
        public string Username
        {
            get { return TextUserName. Text; }
        }
        public string Password
        {
            get { return TextPassword. Text; }
        }
    }
```

上面的代码中定义了两个公有的属性，即 Username 和 Password，分别用于访问 TextUse-rName 和 TextPassword 中的文本值。

3）新建一个如图 8-24 所示 Web 窗体页面，命名为 NewPage. aspx，添加一个 Label 控件到页面中，并修改其 Text 属性为"上一网页传递来的信息是:"。

图 8-24 NewPage 页面

4）在与 NewPage 页面对应的后台代码文件中加入相应程序代码，添加完成后的代码如下:

```
using System;
using System. Collections. Generic;
using System. Linq;
using System. Web;
using System. Web. UI;
using System. Web. UI. WebControls;
public partial class NewPage : System. Web. UI. Page
{
    protected void Page_Load(object sender, EventArgs e)
    {
        if(PreviousPage! = null)
        {
```

```
            OldPage prev = PreviousPage as OldPage;
            Label1. Text += " < br > 用户名:" + prev. Username;
            Label1. Text += " < br > 密码:" + prev. Password;
        }
    }
}
```

8.3.2　查询字符串

页面之间传递信息的另一个常用方法就是在 URL 中使用查询字符串。在搜索引擎中，常常使用该方法来传递信息。

典型情况下要使用查询字符串，必须使用 HperLink 控件，或者使用一个特殊的 Response. Redirect 语句，将页面指向目标页面。Response 对象在 ASP . NET 中代表 Web 服务器对客户端请求的响应。例如，下面的语句：

Response. Redirect (NewPage. aspx? Username = "张良");

Response. Redirect (NewPage. aspx? Username = "张良" &Password = "123456");

第一条语句的查询字符串中传递了一个名为"username"的参数及其值"张良"；第二条语句的查询字符串中传递两个参数，分别是"Username"及其值"张良"和"Password"及其值"123456"。查询字符串可以使用"&"作为分隔符同时传递多个参数。查询字符串中的参数及其值是明确可见的，而且并未加密，因此，不能使用查询字符串来传递需要隐蔽和防止篡改的数据。

从接收页面中获取查询字符串是非常方便的，只需要从 Request 对象的 QueryString 中获取，Request 对象代表引起页面被加载的请求的值和属性。例如，通过下面的语句即可获取前面的 Username 和 Password 的值：

string us = Request. QueryString ["Username"];

string pd = Request. QueryString ["Password"];

【例 8-8】 新建一个名为 PageOld 的页面，如图 8-25 所示，在 PageOld 页面中添加一个 ListBox，在该控件中输入多个国家的名称，并添加一个按钮，当单击该按钮后跳转到新页面（名称为 PageNew），并将 ListBox 控件中选中项的信息通过查询字符串传递到 PageNew 页面中，在 PageNew 页面中根据传来的信息显示相应的文本信息，如图 8-26 所示。

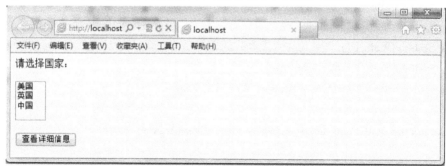

图 8-25　PageOld 页面的运行结果

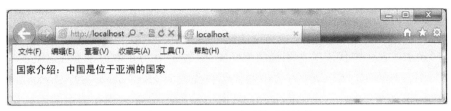

图 8-26　PageNew 页面的运行结果

按照如下步骤完成设计要求：

1）新建 Web 窗体页面，命名为 PageOld. aspx，在该页面上添加一个 Label 标签，修改其 Text 属性为"请选择国家"；添加一个 ListBox 控件，修改其 Name 属性为 ListBoxCountry；添加一个按钮，修改其 Text 属性为"查看详细信息"。

2）在 PageOld 页面的 Page_ Load 方法中添加程序代码，为 ListBoxCountry 控件增加选项；为 PageOld 页面中的按钮添加"Click"事件响应方法，并在该方法中添加程序代码。代码编写完成后，PageOld 页面对应的后台 C# 程序如下：

```csharp
using System;
using System. Collections. Generic;
using System. Linq;
using System. Web;
using System. Web. UI;
using System. Web. UI. WebControls;
public partial class PageOld : System. Web. UI. Page
{
    protected void Page_Load( object sender, EventArgs e)
    {
        string[ ] Countries = { "美国", "英国", "中国" };
        for ( int i = 0; i < Countries. Length; i + + )
            ListBoxCountry. Items. Add( Countries[ i ] );
    }
    protected void Button1_Click( object sender, EventArgs e)
    {
        if ( ListBoxCountry. SelectedIndex == - 1 )
        {
            LabelError. Text = "你必须先从列表中选择国家后,才能单击按钮";
        }
        else
        {
            string newurl = "PageNew. aspx?";
            newurl + = "Country = " + ListBoxCountry. SelectedItem. Text;
            Response. Redirect( newurl);
        }
```

　　　　　}
　　}
　　Page_ Load( )方法中代码的作用是将 Countries 数组中的元素添加到 ListBoxCountry 的项集（Items）中，Button1_ Click( )方法中的代码首先对 ListBoxCountry 的 SelectedIndex 属性进行判断，若没有项被选中，则用 LabelError 输出错误提示信息；若有选中项则构造查询字符串，并将该字符串发送到新网页中去。

　　3）新建 Web 窗体页面，命名为 PageNew. aspx，然后在页面中添加 Label 控件，修改其 Text 属性为"国家介绍："。

　　4）在 PageNew 页面的 Page_ Load 方法中添加程序代码，代码编写完成后，PageNew 页面对应的后台 C# 程序如下：

```csharp
using System;
using System. Collections. Generic;
using System. Linq;
using System. Web;
using System. Web. UI;
using System. Web. UI. WebControls;
public partial class PageNew : System. Web. UI. Page
{
    protected void Page_Load( object sender, EventArgs e)
    {
        string [,]CountryandDetail = {{"美国","位于北美洲的国家"},
                                       {"英国","位于欧洲的国家"},
                                       {"中国","位于亚洲的国家"}};
        string country = Request. QueryString["Country"];
        for( int i = 0;i < 3;i ++)
        {
            if ( country. CompareTo( CountryandDetail[i, 0]) == 0)
            {
                string tempstr = Label1. Text;
                Label1. Text = tempstr + country + "是" + CountryandDetail[i, 1];
            }
        }
    }
}
```

　　添加在 Page_ Load( )方法中的代码首先建立了一个存储详细信息的二维字符串数组，然后采用 Request. QueryString 方式从查询字符串中获取"Country"的值，最后利用循环与存储详细信息的二维字符串数组的每行第 0 个元素进行字符串比较，若某行比较成功，则利用二维字符串数组该行上的元素构成详细信息并显示在 Label1 中。

习 题

一、单项选择题

1. 在下面所列的开发工具中，开发 Web 应用程序时最好选择（　　）。

   A. Microsoft Word 2010   B. Notepad

   C. Microsoft FrontPage   D. Microsoft Visual Studio. NET

2. 用于创建 Web 应用程序页面的类和接口属于（　　）命名空间。

   A. System. Drawing   B. System. IO

   C. System. Web. UI   D. System. Web. Service

3. 在 Web 应用程序中，实现业务逻辑的后台代码文件扩展名是（　　）。

   A. . cs   B. . aspx   C. . cpp   D. . lg

4. 表示 Web 应用程序当前网页物理路径的是（　　）。

   A. Server. MapPath（"/"）   B. Server. MapPath（"./"）

   C. Server. MapPath（"../"）   D. Server. MapPath（"~/"）

5. Web 表单中，按钮的默认事件是（　　）。

   A. Click 事件   B. Load 事件

   C. Init 事件   D. Command 事件

6. Web 窗体文件的扩展名是（　　）。

   A. ASP   B. ASPX   C. ASCX   D. HTML

7. 默认情况下，Web 窗体页面中的数据以（　　）模式绑定到控件。

   A. 只写   B. 可读写   C. 只读   D. 无法访问

8. 下列关于 Web 服务器控件的 HTML 标记描述中，错误的是（　　）。

   A. 控件类型前面都具有前缀"asp:"   B. 都以 ID 代表控件名称

   C. 都必须明确规定 runat = "server"   D. 都必须明确规定 AutoPostBack = "True"

9. GridView 控件用来设置每页显示行数的属性是（　　）。

   A. PageIndex   B. PagerSettings

   C. PagerStyle   D. PageSize

10. 在网页上的 ListBox 列表框中，通过鼠标单击选择一个项目，将会触发（　　）事件。

   A. DataBinding   B. DataBound

   C. TextChanged   D. SelectedIndexChanged

二、程序设计题

1. 编写一个 Web 页面，在该页面的 ListBox 控件中显示 Web 服务器上 MyPic 目录下的所有 jpg 文件。

2. 编写一个基于 Web 页面的计算器（可以进行简单的算术运算）。

3. 编写一个可以上传图片文件的程序，并在 Adrotator 控件中等概率显示这些图片文件。

4. 设计一个登录页面，当输入用户名和密码后，跳转到新的页面，在新页面中验证输入的用户名和密码是否正确，若正确显示"欢迎访问"，若不正确返回登录页面，并提示相应的错误。

第9章　图形和图像处理

对于大多数 Windows 应用而言，可以使用 Microsoft 公司在 . NET 环境中提供的窗体、对话框以及各种标准的控件进行用户界面的设计，但如果应用程序的用户界面需要更大的灵活性，如在窗口指定位置进行图形或文本的绘制，就需要使用 GDI + 程序设计。GDI（Graphics Device Interface）是 Windows 系统早期版本提供的图形设备接口，GDI + 是 GDI 的后续版本。C# 程序中，对图形和图像的处理主要是利用 GDI + 来编写各种与设备无关的图形和图像处理代码。

9.1　GDI + 概述

GDI +（Graphic Device Interface Plus）是 Windows 2000 及以后版本操作系统中提供的用于实现图形、图像处理的应用程序编程接口。利用 GDI + 提供的一组托管类，应用程序开发人员无须考虑具体设备的细节，只需调用 GDI + 类库的一些方法，即可高效率地编写出实现图形绘制、图像处理的应用程序。

GDI + 的图形和图像处理功能主要包含在表 9-1 所示的命名空间之下，由开发环境自动创建的 Windows 窗体应用程序中只包含对 System. Drawing 的引用，在编写程序时应根据具体需要添加引用其他命名空间。

表9-1　GDI + 基类的命名空间

命名空间	说　　明
System. Drawing	包含与绘图表面、图像、颜色、笔刷、字体等相关的基本类
System. Drawing. Drawing2D	包含高级的二维图形和矢量图形功能，包含消除锯齿、几何变换和图形路径
System. Drawing. Imaging	包含 GDI + 图像处理功能
System. Drawing. Text	包含 GDI + 文字和字体等类
System. Drawing. Design	包含预定义的对话框、属性表面和其他用户界面元素
System. Drawing. Printing	包含与打印相关的服务，包括打印、打印预览等

9.1.1　Graphics 对象

GDI + 中的 Graphics 类用于指定绘图表面（如窗体、图片框、打印页面、内存等）。要在绘图表面上绘图，首先必须创建与这个绘图表面相关联的 Graphics 对象，然后才可以使用 GDI + 提供的各种方法绘制图形和文本，或者显示与操作图像。

1. 使用控件或窗体的 CreateGraphics 方法创建 Graphics 对象

调用窗体或控件的 CreateGraphics 方法，创建 Graphics 类的实例对象，就把这个窗体或控件当成了绘图表面。引用 Graphics 对象的方法绘图时，图形就绘制在相应的窗体或控件表面上。Graphics 对象在使用完后，应该调用 Dispose 方法将其释放，以免空耗系统资源，降低计算机系统的运行速度。由于本章介绍的实例都很短小，为了节省篇幅，有时没有调用 Dispose 方法。

【例 9-1】　创建如图 9-1 所示的 Windows 窗体应用程序，在窗体上添加一个图片框控件，然后分别创建窗体和图片框的 Graphics 对象，分别调用 GDI + 的方法在相应的绘图表面上绘制矩形。

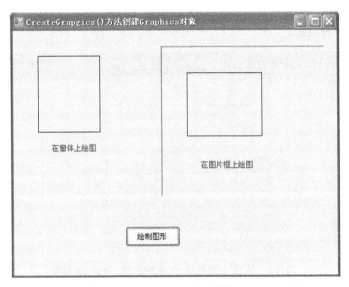

图 9-1　使用 CreateGraphics 方法创建 Graphics 对象

"绘制图形"按钮单击事件处理程序如下。

```
private void button1_Click( object sender, EventArgs e)
{
    Graphics fGraphics = this. CreateGraphics( );      //创建与窗体关联的 Graphics 对象
    Graphics pGraphics = pictureBox1. CreateGraphics( );
                                                //创建与图片框关联的 Graphics 对象
    Pen pen = new Pen( Color. Black) ;                  //创建黑色画笔
    SolidBrush brush = new SolidBrush( Color. Red) ;    //创建红色笔刷
    fGraphics. DrawRectangle( pen,40,40,100,120) ;      //在窗体上画矩形
    fGraphics. DrawString( "在窗体上绘图",this. Font,brush,60,180) ;
                                                //在图片下绘制文字
    pGraphics. DrawRectangle( pen, 40, 40, 120, 100) ;  //在图片框上画矩形
    pGraphics. DrawString( "在图片框上绘图", this. Font, brush,60,180) ;
                                                //在图片框上绘制文字
}
```

2. 获取 Graphics 对象

Windows 程序的窗体加载时会激发 Paint 方法，程序运行过程中窗体界面的图形发生改变时会激发 OnPaint 方法，可以通过这两个方法之一获取 Graphics 对象，在程序的后续代码中予以利用。

（1）通过 Paint 方法获取 Graphics 对象

当窗体或控件执行移动、改变大小等操作或被其他窗口遮住后再次显示时，就会激发 Paint 方法，该方法的形式参数 PaintEventArgs 中包括了当前窗体或控件的 Graphics 对象，因此通过该参数可以获取 Graphics 对象。

【例9-2】 创建如图 9-2 所示的 Windows 窗体应用程序，程序运行时从窗体的 Paint 方法中获取 Graphics 对象，实现窗体加载后自动在窗体上绘制矩形（窗体加载时也会触发 Paint 事件）并输出文字的功能。

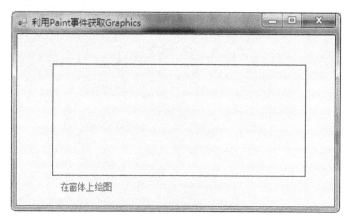

图 9-2　从窗体的 Paint 方法中获取 Graphics 对象

"窗体 Paint" 事件处理程序如下。

```
private void Form1_Paint(object sender, PaintEventArgs e)
{
        Graphics fGraphics = e. Graphics;          //创建与窗体关联的 Graphics 对象
        Pen pen = new Pen(Color. Blue);                          //创建蓝色画笔
        SolidBrush brush = new SolidBrush(Color. Red);           //创建红色笔刷
        fGraphics. DrawRectangle(pen, 50, 40, 350, 150);         //在窗体上画矩形
        fGraphics. DrawString("在窗体上绘图", this. Font, brush, 60, 200);
                                                        //在图片下绘制文字
}
```

（2）通过 OnPaint 方法获取 Graphics 对象

C# 的 Form 类中提供了一个 OnPaint 方法，该方法形式如下：

```
protected virtual void OnPaint(ActivityDesignerPaintEventArgs e)
```

在应用程序中可以根据需要对 OnPaint 方法重写，当窗体的 Paint 事件发生时，重写后的 OnPaint 方法会自动调用。特别需要注意的是，重写的 OnPaint 方法必须使用访问修饰符 protected 进行修饰。

【例9-3】 创建如图 9-3 所示的 Windows 窗体应用程序，在程序中重写 OnPaint 方法以获取 Graphics 对象，实现窗体加载后自动在窗体上绘制矩形（窗体加载时也会触发 Paint 事件）并输出文字的功能。

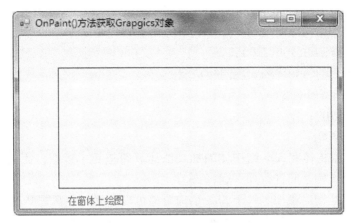

图 9-3 重写 OnPaint 方法以获取 Graphics 对象

应用程序中重写（重载）的 OnPaint 方法的程序代码如下。

```
protected override void OnPaint( PaintEventArgs e )          //在窗体内部重写 OnPaint 方法
{
    base. OnPaint( e ) ;                                      //调用父类的 OnPaint 方法
    Graphics grapgics = e. Graphics ;
    Pen pen = new Pen( Color. Blue ) ;                        //创建蓝色画笔
    SolidBrush brush = new SolidBrush( Color. Red ) ;         //创建红色笔刷
    grapgics. DrawRectangle( pen, 50, 40, 350, 150 ) ;        //在窗体上画矩形
    grapgics. DrawString( "在窗体上绘图", this. Font, brush, 60, 200 ) ;
                                                              //在图片下绘制文字

}
```

9.1.2 绘图基础知识

GDI + 中使用几个结构体类型和类分别表示图形的位置和大小，以及画笔、笔刷工具类，这些结构体或类均已在 System. Drawing 命名空间中进行了定义。

1. 点（Point）结构体

C# 中提供了两个与点有关的结构体：Point 和 PointF。这两个结构体均用于表示二维平面上的点，采用像素为基本单位。点结构体的两个属性 X 和 Y 分别表示所在点的位置的水平和垂直距离。

声明和构造点结构体的语句：

    Point p = new Point(50,80) ;

也可以通过下面的语句序列实现同样功能：

    Point p = new Point( ) ;
    p. X = 50 ;
    p. Y = 80 ;

2. 大小（Size）结构体

C# 中提供了两个与大小有关的结构体：Size 和 SizeF，它们也采用像素为基本单位。大

小结构体的两个属性 Height 和 Width 分别表示高度和宽度。

声明和构造大小结构体的语句：

Size s = new Size(100,200);

也可以通过下面的语句序列实现同样功能：

Size s = new Size();

s. Height = 100;

s. Width = 200;

C# 中对 Point 结构体和 Size 结构体的加减法运算符进行了重载，因此可以直接在 Point 结构和 Size 结构的实例之间进行如下运算：

1）一个 Point 结构对象加上一个 Size 结构对象可以得到一个新的 Point 结构对象。

2）一个 Point 结构对象减去一个 Size 结构对象可以得到一个新的 Point 结构对象。

3）两个 size 结构对象相加可以得到一个新的 Size 结构对象。

3. 矩形（Rectangle）结构体

C# 中提供了 Rectangle 结构体表示矩形区域，矩形区域的主要属性见表 9-2。

表 9-2　矩形区域的主要属性

属　　性	说　　明
Left	矩形左边线的 X 坐标
Right	矩形右边线的 X 坐标
Top	矩形上边线的 Y 坐标
Bottom	矩形下边线的 Y 坐标
X	矩形左边线的 X 坐标
Y	矩形上边线的 Y 坐标
Width	矩形的宽度，左右边线的距离
Height	矩形的高度，上下边线的距离
Location	矩形左上角顶点的位置，是 Point 结构体类型
Size	矩形的大小，是 Size 结构体类型

Rectangle 类中按下面形式定义了两个重载的构造函数：

public Rectangle(int x,int y,int width, int height);

public Rectangle(Point location, Size size);

第一个构造函数要求对 Rectangle 对象进行实例化时，需要指定矩形的左边线的 X 坐标、上边线的 Y 坐标，以及矩形的宽度和高度。例如：

Rectangle rec = new Rectangle(10,10,40,50);

第二个构造函数要求对 Rectangle 对象进行实例化时，需要指出矩形左上角顶点的位置和矩形的大小。例如：

Point p = new Point(10,10);

Size s = new Size (40,50);

Rectangle rec = new Rectangle(p,s);

4. 颜色（Color）结构体

C# 中使用 Color 结构体表示颜色，Color 结构体提供了两种表示颜色的方式：

1）利用 . NET 中 Color 结构体已经定义的常用颜色，这些定义好的颜色都可以作为 Color 结构体的属性进行调用。例如：

Color newColor = Color. Red；

2）利用 Color 结构体的 FromArgb 方法创造任意需要的颜色，该方法的原型如下：

public static Color FromArgb(int red,int green,int blue) ；

其中的参数 red、green、blue 分别指定三原色的分量值。例如：

Color newColor = Color. FromArgb(255,0,0) ； //创建了一个完全不透明的红色

Color newColor = Color. FromArgb(255,128,255) ； //创建了一个半不透明的粉红色

5. Pen 工具类

Pen 工具类用于绘制直线、曲线和封闭的图形。Pen 工具类具有 4 个重载的构造函数，其中最常用的两个形式如下：

Pen(Color color) ；

public Pen(Color color,float width) ；

其中，参数 color 用于指定 Pen 的颜色，width 用于指定 Pen 的宽度（默认宽度为 1），例如：

Pen p = new Pen(Color. Blue) ； //创建了画笔实例 p,颜色为蓝色,宽度为 1

Pen p = new Pen(Color. Blue,3) ； //创建了画笔实例 p,颜色为蓝色,宽度为 3

6. Brush 工具类

Brush 工具类用于填充封闭图形的内部，也可以用来创建异形画笔。Brush 本身是一个抽象类，它的 5 个派生类分别表示各种类型的笔刷：

1）单色笔刷类：SolidBrush。

2）图案笔刷类：HatchBrush。

3）线性渐变笔刷类：LinearGradientBrush。

4）路径渐变笔刷类：PathGradientBrush。

5）纹理笔刷类：TextureBrush。

每种笔刷都具有多种重载的形式，在此不再一一列举，仅通过一个实例予以说明。

【例 9-4】　创建如图 9-4 所示的 Windows 窗体应用程序。程序运行时，在窗体上分别使用不同的笔刷绘制圆形，并对每个图形所使用的笔刷进行标注。

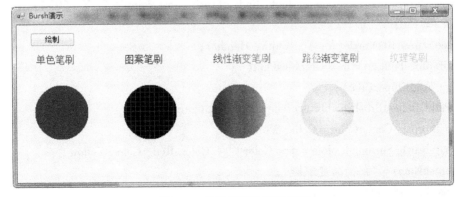

图 9-4　各种笔刷的演示示例

注意：需要在后台代码文件的头部使用"using System. Drawing. Drawing2D;"语句引入命名空间。

　　"绘制"按钮单击事件处理程序如下。

```
private void button1_Click( object sender, EventArgs e)
{
        Graphics gis = this. CreateGraphics( ) ;
        Font font = new Font( "宋体", 12 ) ;
        int X = 30;
        int Y = 100;
        int Width = 90;
        int Height = 90;
        Rectangle rec = new Rectangle( X , Y , Width , Height ) ;
        SolidBrush solidbrush = new SolidBrush( Color. Blue ) ;
        string brushName = "单色笔刷";
        gis. FillPie( solidbrush , rec , 0 , 360 ) ;
        gis. DrawString( brushName , font , solidbrush , new PointF( X , Y − 50 ) ) ;
        X += 150;
        rec = new Rectangle( X , Y , Width , Height ) ;
        HatchBrush hatchbrush = new HatchBrush( HatchStyle. Cross , Color. Blue ) ;
        brushName = "图案笔刷";
        gis. FillPie( hatchbrush , rec , 0 , 360 ) ;
        gis. DrawString( brushName , font , hatchbrush , new PointF( X , Y − 50 ) ) ;
        X += 150;
        rec = new Rectangle( X , Y , Width , Height ) ;
        LinearGradientBrush lindearbrush = new LinearGradientBrush( rec , Color. Blue ,
                            Color. Green , LinearGradientMode. Horizontal ) ;
        brushName = "线性渐变笔刷";
        gis. FillPie( lindearbrush , rec , 0 , 360 ) ;
        gis. DrawString( brushName , font , lindearbrush , new PointF( X , Y − 50 ) ) ;
        X += 150;
        rec = new Rectangle( X , Y , Width , Height ) ;
        GraphicsPath gp = new GraphicsPath( ) ;
        gp. AddEllipse( rec ) ;
        PathGradientBrush pathbrush = new PathGradientBrush( gp ) ;
        pathbrush. CenterColor = Color. White ;
        pathbrush. SurroundColors = new Color[ ] { Color. Red , Color. Yellow } ;
        brushName = "路径渐变笔刷";
        gis. FillPath( pathbrush , gp ) ;
        gis. DrawString( brushName , font , lindearbrush , new PointF( X , Y − 50 ) ) ;
```

```
        X += 150;
        rec = new Rectangle(X, Y, Width, Height);
        Bitmap bmp = new Bitmap("D:\\Desert.jpg");
        TextureBrush textbrush = new TextureBrush(bmp);
        brushName = "纹理笔刷";
        gis.FillPie(textbrush, rec, 0, 360);
        gis.DrawString(brushName, font, textbrush, new PointF(X, Y - 50));
    }
```

9.2 图形处理基础

图形是由一些基本的图形元素,如直线、曲线、形状以及相应的文本等构成的,本小节以实际的使用为目的,对直线、曲线、形状和文本的绘制进行介绍。

9.2.1 图形的绘制

在 C# 应用程序中,绘制图形之前需要确定以下一些用于图形绘制的元素:

1)绘制工具:画笔(Pen)或画刷(Brush)。

2)图形的颜色。

3)绘制文本使用的字体(仅在绘制文本时需要)。

1. 直线绘制方法

GDI + 中提供了 DrawLine 方法进行直线的绘制,该方法使用形式如下:

    DrawLine(Pen pen, Point start, Point end);

其中,参数 pen 指定绘制直线所使用的画笔;Start 指定直线的绘制起点;End 指定直线的绘制终点。

【例 9-5】 创建如图 9-5 所示的 Windows 窗体应用程序。程序运行时,单击窗体上的"绘制"按钮绘制出多种样式的直线。

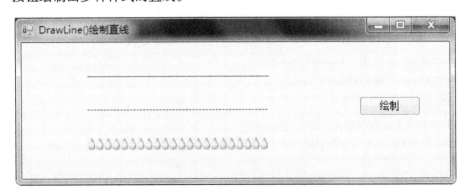

图 9-5 不同样式直线的绘制

"绘制"按钮单击事件处理程序如下。

```
private void button1_Click(object sender, EventArgs e)
{
```

```
Graphics graphics = this. CreateGraphics( ) ;              //获取 Graphics 对象
Pen pen1 = new Pen(Color. Red) ;                          //创建颜色为红色的画笔
Bitmap bmp = new Bitmap("water. jpg") ;                   //创建 Bitmap 对象
TextureBrush tBrush = new TextureBrush(bmp) ;            //创建纹理笔刷
Pen pen2 = new Pen(tBrush, 15) ;                          //使用纹理笔刷创建画笔
graphics. DrawLine(pen1, 80, 40, 300, 40) ;             //绘制一条直线
pen1. DashStyle = DashStyle. Dash ;                      //设置画笔为短虚线
graphics. DrawLine(pen1, 80, 80, 300, 80) ;             //绘制一条虚线
graphics. DrawLine(pen2, 80, 120, 300, 120) ;           //使用图片绘制一条直线
}
```

【例 9-6】 创建如图 9-6 所示的 Windows 窗体应用程序。程序运行时，单击绘制"按钮"可绘制纵横交错的方格图形。

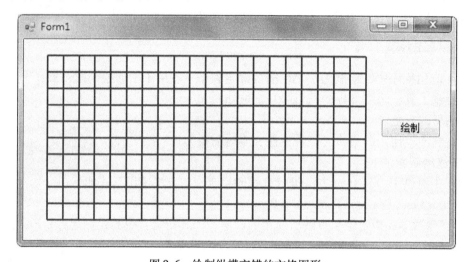

图 9-6 绘制纵横交错的方格图形

"绘制"单击事件处理程序如下。

```
private void button1_Click( object sender, EventArgs e)
{
    Graphics gis = this. CreateGraphics( ) ;
    int XStart = 30, YStart = 20 ;
    int Interval = 20 ;
    Pen pen = new Pen(Color. Blue, 2) ;
    for (int i = 0; i <= 20; i ++)
    {
        gis. DrawLine(pen, new Point(XStart + i * Interval, YStart) ,
                      new Point(XStart + i * Interval, YStart + 20 * 10)) ;
    }
    for (int i = 0; i <= 10; i ++)
    {
```

gis. DrawLine(pen, new Point(XStart, YStart + i ∗ Interval),

new Point(XStart + 20 ∗ 20, YStart + i ∗ Interval));

    }

  }

2. 矩形绘制方法

  GDI + 中提供 DrawRectangle 方法以 Pen 为工具绘制矩形，FillRectangle 方法以 Brush 为工具对矩形区域进行填充，两种方法的使用形式如下：

    DrawRectangle(Pen pen, Rectangle rect);

    FillRectangle(Brush brush, Rectangle rect);

  其中，参数 pen 表示绘制矩形使用的画笔；brush 表示填充矩形使用的画刷；rect 指定要绘制或填充的矩形区域。

  【例 9-7】 创建 Windows 窗体应用程序。程序运行时，单击"绘制矩形"按钮绘制如图 9-7 所示的矩形图形，单击"填充矩形"按钮绘制如图 9-8 所示的矩形图形（填充矩形区域）。

图 9-7 矩形的绘制

图 9-8 矩形的填充

"绘制矩形"按钮单击事件处理程序如下。

```
private void button1_Click( object sender, EventArgs e)
{
    Graphics gis = this. CreateGraphics( );
    Pen pen = new Pen( Color. Blue,5);
    Rectangle rec = new Rectangle(20, 20, 200, 120);
    gis. DrawRectangle( pen,rec);
}
```

"填充矩形"按钮单击事件处理程序如下。

```
private void button2_Click( object sender, EventArgs e)
{
    Graphics gis = this. CreateGraphics( );
    SolidBrush brush = new SolidBrush( Color. Gray);
    Rectangle rec = new Rectangle(20, 20, 200, 120);
```

```
gis. FillRectangle( brush，rec) ；
}
```

3. 椭圆的绘制方法

GDI + 中提供了 DrawEllipse 方法绘制椭圆，FillEllipse 方法填充椭圆。两种方法的使用形式如下：

```
DrawEllipse( Pen pen，Rectangle rect) ；
FillEllipse( Brush brush，Rectangle rect) ；
```

其中，参数 pen 表示绘制椭圆使用的画笔；brush 表示填充椭圆使用的画刷；rect 表示绘制或填充椭圆的外接矩形区域。

【例9-8】 创建 Windows 窗体应用程序。程序运行时，单击"绘制椭圆"按钮绘制如图 9-9 所示的椭圆图形，单击"填充椭圆"按钮绘制如图 9-10 所示的椭圆图形。

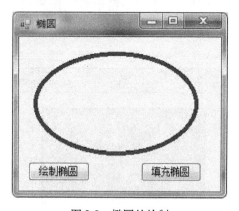
图 9-9　椭圆的绘制

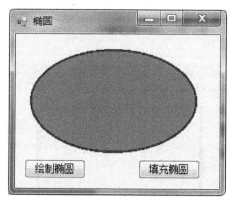
图 9-10　椭圆的填充

"绘制椭圆"按钮单击事件处理程序如下。

```
private void button1_Click( object sender，EventArgs e)
{
    Graphics gis = this. CreateGraphics( ) ；
    Pen pen = new Pen( Color. Blue,5) ；
    Rectangle rec = new Rectangle(20，20，200，120) ；
    gis. DrawEllipse( pen,rec) ；
}
```

"填充椭圆"按钮单击事件处理程序如下。

```
private void button2_Click( object sender，EventArgs e)
{
    Graphics gis = this. CreateGraphics( ) ；
    SolidBrush brush = new SolidBrush( Color. Gray) ；
    Rectangle rec = new Rectangle(20，20，200，120) ；
    gis. FillEllipse( brush，rec) ；
}
```

4. 扇形绘制方法

GDI + 中提供了 DrawPie 方法绘制空心扇形，FillPie 方法绘制实心扇形。两种方法的使用形式如下：

DrawPie(Pen pen, Rectangle rect, float startAngle, float sweepAngle)；

FillPie(Brush brush, Rectangle rect, float startAngle, float sweepAngle)；

其中，参数 pen 表示绘制扇形使用的画笔；brush 表示填充扇形使用的画刷；rect 表示绘制或填充扇形的外接矩形区域；startAngle 表示绘制圆弧的起始角度；sweepAngle 表示绘制的圆弧角度。

【例 9-9】 创建如图 9-11 所示的 Windows 窗体应用程序。程序运行时，通过绘制饼形图直观地显示市场中各种水果的销量情况。

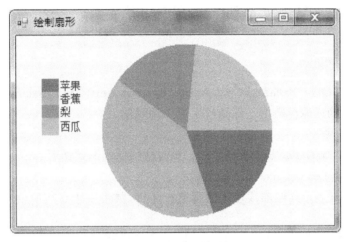

图 9-11　扇形绘制示例

窗体的 Paint 事件处理程序如下。

```
private void Form1_Paint( object sender, PaintEventArgs e)
{
    Graphics graphics = e. Graphics;          //获取 Graphics 对象
    Rectangle rect1 = new Rectangle(100,10,200,200);
                                //定义一个矩形作为扇形的绘制区域
    Rectangle rect2 = new Rectangle(30,50,20,20);
                                //定义一个矩形作为图例说明的绘制区域
    Point point = new Point(50,50);          //定义一个位置用于写图例的文字
    string[ ] fruit = {"苹果","香蕉","梨","西瓜"};      //定义水果名称数据
    float[ ] num = {6,12,5,7};      //定义水果的销量数据
    float sum = 0;
    for( int i = 0;i < num. Length;i + + )
        sum += num[i];
    float start = 0;      //定义起始角度
    Random rnd = new Random( );          //定义随机数对象
```

```
SolidBrush brush1 = new SolidBrush(Color. Blue);        //用于书写图例文字的笔刷
for (int i = 0; i < num. Length; i + +)
{
    Color color = Color. FromArgb(rnd. Next(256), rnd. Next(256), rnd. Next(256));
    SolidBrush brush2 = new SolidBrush(color);        //定义笔刷
    float angle = num[i] * 360/sum;        //延伸角度为 360/(6 + 12 + 5 + 7) = 12
    graphics. FillPie(brush2, rect1, start, angle);        //绘制一个扇形
    graphics. FillRectangle(brush2, rect2);        //绘制图例
    graphics. DrawString(fruit[i], this. Font, brush1, point);        //绘制图例文字
    start += angle;        //当前扇形的结束角度作为下一个扇形的起始角度
    rect2. Y += 15;        //计算下一个图例的位置
    point. Y += 15;        //计算下一行图例文字的位置
}
}
```

上面程序中，"Color. FromArgb(rnd. Next(256), rnd. Next(256), rnd. Next(256));"表示随机产生构成颜色的三原色数据，即随机生成一种颜色。

5. 曲线绘制方法

GDI + 提供了 DrawCurve 方法绘制曲线，该方法的使用形式如下：

```
DrawCurve(Pen pen, Point[ ] points);
```

其中，参数 pen 表示绘制曲线使用的画笔；points 数组用于存放所绘制曲线各点的坐标数据。

【例 9-10】 创建如图 9-12 所示的 Windows 窗体应用程序。程序运行时绘制正弦函数曲线。

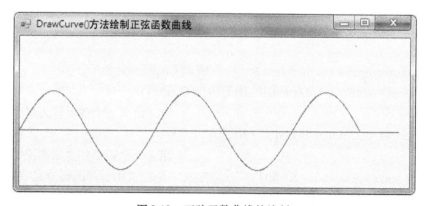

图 9-12 正弦函数曲线的绘制

窗体的 Paint 事件处理程序如下。

```
private void Form1_Paint(object sender, PaintEventArgs e)
{
    Graphics graphics = e. Graphics;        //获取 Graphics 对象
    PointF[ ] pt = new PointF[900];        //定义点数组
```

```
    Pen pen = new Pen(Color. Red);      //定义画笔
    for (int i = 0; i < 900; i++)        //绘制曲线的各点坐标并依次存放到数组 pt 中
    {
        pt[i]. X = i / 2;
        pt[i]. Y = (float)(120 - 50 * Math. Sin(Math. PI / 180 * i));
    }
    graphics. DrawLine(pen,0,120,500,120);
                                        //设置水平轴线起点坐标(X,Y)为(0,120)
    graphics. DrawCurve(pen,pt);        //绘制正弦函数曲线
}
```

6. 文本绘制方法

GDI + 提供了 DrawString 方法在窗体或控件表面绘制文本内容，该方法的使用形式如下：

```
    DrawString(string s,Font font,Brush brush,PointF point);
```

其中，参数 s 存放绘制的文本内容；font 表示绘制文本使用的字体；brush 表示绘制文本使用的画刷；point 表示绘制文本的起始位置（左上角）。

【例9-11】 创建如图 9-13 所示的 Windows 窗体应用程序。程序运行时绘制指定的文本。

图 9-13 窗体中文本的绘制

窗体的 Paint 事件处理程序如下。

```
private void Form1_Paint(object sender, PaintEventArgs e)
{
    Graphics graphics = e. Graphics;     //获取 Graphics 对象
    Font font = new Font("隶书",30);    //定义字体
    Rectangle rect = new Rectangle(0,0,400,100);    //定义矩形
    LinearGradientBrush brush1 = new LinearGradientBrush(rect, Color. Red,
            Color. Pink,LinearGradientMode. Vertical);
    graphics. DrawString("好好学习,天天向上",font,brush1,rect);
    Point point1 = new Point(0,50);      //起始坐标
    Point point2 = new Point(400,150);   //终点坐标
    LinearGradientBrush brush2 = new LinearGradientBrush(point1, point2,
            Color. Red, Color. Blue);
```

graphics. DrawString("好好学习,天天向上",font,brush2,point1);

}

9.2.2 图形绘制的应用举例

在 Windows 系统的操作中,鼠标是使用较为频繁的输入设备之一。C# 中提供多个与鼠标相关的事件,如 MouseDown 事件、MouseClick 事件及 MouseMove 事件等。当这些事件发生时,鼠标的位置信息、按钮信息会通过 MouseEventArgs 参数发送到相应的处理方法中,然后可以从 MouseEventArgs 参数中获取与鼠标相关的信息。

【例9-12】 创建如图 9-14 所示的 Windows 窗体应用程序。程序运行时,通过鼠标的单击事件处理可画出相应的直线。

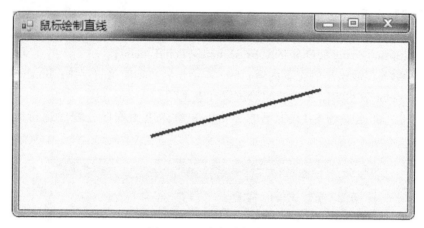

图 9-14　用鼠标绘制直线

```
//程序需要的类属变量定义
Point point1 , point2;        //直线的起点和终点变量
Pen pen = new Pen(Color. Blue , 3);      //定义画笔
bool start = false;       //定义画线是否开始标志
//窗体上的鼠标"左键按下"事件处理程序
private void Form1_MouseDown(object sender, MouseEventArgs e)
{
    if (start == false)        //代表第一次单击鼠标,绘图开始
    {
        point1. X = e. X;      //记录起点的横坐标
        point1. Y = e. Y;      //记录起点的纵坐标
        start = true;         //画图开始
    }
    else
    {
        point2. X = e. X;      //记录终点的横坐标
        point2. Y = e. Y;      //记录终点的纵坐标
```

```
        Graphics graphics = this. CreateGraphics( );        //创建 Graphics 对象
        graphics. DrawLine( pen, point1, point2 );              //绘制直线
        start = false;        // 将画线标志重置
    }
}
```

【例9-13】 创建如图 9-15 所示的 Windows 窗体应用程序。程序运行时,通过在窗体中按下鼠标左键进行拖动,绘制鼠标运动的折线。

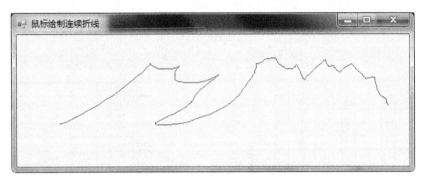

图 9-15 鼠标绘制折线

```
//程序需要的类属变量定义
Point point1 , point2 ;        //直线的起点和终点变量
Pen pen = new Pen( Color. Red) ;        //定义画笔
bool start = false ;        //定义画线是否开始标志
//窗体的"鼠标拖曳"事件处理程序
private void Form1_MouseMove( object sender, MouseEventArgs e)
{
    if ( e. Button == MouseButtons. Left)        //如果是左键按下,开始画线
    {
        if ( start == false)        //代表第一次单击鼠标,绘图开始
        {
            point1. X = e. X;     //记录起点的横坐标
            point1. Y = e. Y;     //记录起点的纵坐标
            start = true;        //画图开始
        }
        else
        {
            point2. X = e. X;     //记录终点的横坐标
            point2. Y = e. Y;     //记录终点的纵坐标
            Graphics graphics = this. CreateGraphics( );        //创建 Graphics 对象
            graphics. DrawLine( pen, point1, point2 );        //绘制直线
```

$$point1 = point2 ; \quad //将当前点作为下次画线的起点$$

```
                }
            }
        else
            start = false ;        //按下鼠标右键结束画线
}
```

【例 9-14】 创建 Windows 窗体应用程序。程序运行时，首先在窗体上绘制如图 9-16 所示的棋盘图形，然后在鼠标单击的位置交替绘制两种不同颜色的棋子，如图 9-17 所示。

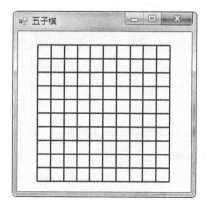

图 9-16 绘制棋盘

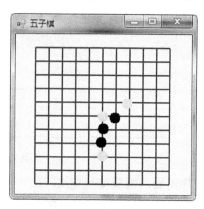

图 9-17 绘制棋子

```
//程序中使用的类属变量定义
bool Flag ;
//自定义"绘制棋子"方法
public void DrawChess ( Point Position )
{
    int radius = 8 ;
    Graphics gis = this. CreateGraphics ( ) ;
    Flag = ! Flag ;
    SolidBrush brush ;
    if( Flag )
        brush = new SolidBrush ( Color. Black ) ;
    else
        brush = new SolidBrush ( Color. LightGray ) ;
    Rectangle rec = new Rectangle ( ) ;
    rec. X = Position. X – radius ;
    rec. Y = Position. Y – radius ;
    rec. Width = 2 * radius ;
    rec. Height = 2 * radius ;
    gis. FillEllipse ( brush , rec ) ;
```

```
}
//自定义"绘制棋盘"方法
public void DrawMap( )
{
    Graphics gis = this. CreateGraphics( ) ;
    int XStart = 30, YStart = 20 ;
    int Interval = 20 ;
    Pen pen = new Pen( Color. Blue, 2 ) ;
    for ( int i = 0 ; i <= 10 ; i ++ )
    {
        gis. DrawLine( pen, new Point( XStart + i * Interval, YStart) ,
            new Point( XStart + i * Interval, YStart + 20 * 10 ) ) ;
    }
    for ( int i = 0 ; i <= 10 ; i ++ )
    {
        gis. DrawLine( pen, new Point( XStart, YStart + i * Interval) ,
            new Point( XStart + 20 * 10, YStart + i * Interval ) ) ;
    }
}
//窗体的"鼠标左键按下"事件处理程序
private void Form1_MouseDown( object sender, MouseEventArgs e)
{
    if ( e. Button == MouseButtons. Left)
    {
        Point point = new Point( e. X, e. Y ) ;
        DrawChess( point) ;
    }
}
//窗体的 Paint 事件处理程序
private void Form1_Paint( object sender, PaintEventArgs e)
{
    DrawMap( ) ;
}
```

9.3　图像处理基础

图像包括位图和矢量图，在计算机应用中往往将矢量图称为图形，图像一般是指位图。图像的处理包括非常丰富的内容，限于篇幅，本小节仅介绍位图的显示与保存、彩色图像转换成灰度图像、灰度图像转换成伪彩色图像等内容。

9.3.1 图像的存储和显示

在应用程序中，位图文件的存储非常简单，只需要通过相应的位图对象（Bitmap 对象）调用 save 方法即可实现。在应用程序的窗体或控件中显示图像需要完成如下步骤：

1）创建或获取 Graphics 对象。

2）指定用于显示位图文件内容的区域（即绘制图像的表面）。

3）创建 Bitmap 对象。

4）调用 Graphics 对象的 DrawImage 方法实现图像绘制。

GDI + 中提供的绘制图像方法 DrawImage 的使用形式如下：

DrawImage(Image image,Rectangle rect);

其中，参数 image 指定绘制的图像；rect 指定用于绘制图像的区域（实际图像会根据指定的大小进行相应的调整）。

【例 9-15】 创建如图 9-18 所示的 Windows 窗体应用程序。程序运行时，首先在窗体上显示指定的图片文件，并添加相应的文字说明，然后将添加了说明文字的图像保存到另外一个文件中。

图 9-18 图像的存储和显示

窗体的 OnPaint 事件处理方法如下。

```
protected override void OnPaint(PaintEventArgs e)
{
    Bitmap bmp = new Bitmap("fruit.jpg");        //创建 BitMap 对象
    Graphics pic = Graphics.FromImage(bmp);       //从 BitMap 创建 Graphics 对象
    Graphics graphics = e.Graphics;        //获取 Graphics 对象
    Rectangle rect = new Rectangle(new Point(0,0),new Size(400,300));
                                           //指定绘制区域
    graphics.DrawImage(bmp, rect);        //在窗体上绘制图像
```

```
Font font = new Font("隶书",30);        //定义添加文本的字体
SolidBrush brush = new SolidBrush(Color. Red);        //定义红色笔刷
Point point = new Point(20,20);        //设定一个起始位置用于书写文字
graphics. DrawString("水果",font,brush,point);        //在窗体上书写文字
pic. DrawString("水果", font, brush, point);        //在图片上书写文字
bmp. Save("fruit2. jpg");        //以 fruit2. jpg 为文件名保存图片
base. OnPaint(e);
}
```

9.3.2 彩色图像转换为灰度图像

图像在程序中是一个由像素组成的二维数组数据结构，其中每个像素用一个颜色向量（Alpha，Red，Green，Blue）来确定。将彩色图像转换成灰度图像，就是把各个像素的 R、G、B 三基色分量按如下公式给出的权重系数相加：

Gray = R * 0. 299 + G * 0. 587 + B * 0. 114

为了提高运算速度，可以将公式改为下面形式，用整数运算近似代替浮点数运算：

Gray = (R * 299 + G * 587 + B * 114)/ 1000

GDI + 程序设计中，通过 Bitmap 对象可以调用 GetPixel 方法从图像中获取指定位置像素的颜色值，调用 SetPixel 方法像素值写入图像中指定位置，常用格式如下：

Color   color = bitmap. GetPixel(x, y);   //通过 bitmap 对象获取(x,y)点的颜色值
bitmap. SetPixel(x, y, Color. FromArgb(R, G, B));

//通过 bitmap 对象设置(x,y)点的颜色值

在程序中，通过 GetPixel 方法获得像素点的各彩色分量后，按上述公式计算得到相应的灰度值 Gray，再通过 SetPixel 方法将计算得到的灰度值 Gray 写回到原来的像素，即可实现彩色到灰度的转换。转换后的灰度图像具有 256 个灰度等级，0 为最暗，255 为最亮。

【例9-16】 创建如图 9-19 所示的 Windows 窗体应用程序。程序运行时，首先通过"打开文件"菜单命令打开指定的彩色图像文件并显示到图片框中，然后选择"转成灰度"菜单命令将彩色图像转换成灰度图像。

图 9-19　将彩色图像转换成灰度图像

```
//定义类属 Bitmap 对象
Bitmap bmp；
//"打开文件"菜单命令单击事件处理程序
private void menuFileOpen_Click( object sender, EventArgs e)
{
    OpenFileDialog openFile = new OpenFileDialog( );        //创建对话框对象
    openFile. Filter = "压缩图片文件( * . jpg) | * . jpg";       //设置图片类型过滤器
    if ( openFile. ShowDialog( ) == DialogResult. OK)
    {
        bmp = new Bitmap( openFile. FileName);              //得到原尺寸的图像
        pictureBox1. Image = bmp;                          //在图片框内显示彩色图像
    }
}
//"转成灰度"菜单命令单击事件处理程序
private void menuColorToGray_Click( object sender, EventArgs e)
{
    Graphics g = Graphics. FromImage( bmp);        //从现有 Bitmap 对象创建 Graphics 对象
    for ( int w = 0; w < bmp. Width; w ++ )          //利用双重循环遍历每一个像素
    {
        for ( int h = 0; h < bmp. Height; h ++ )
        {
            Color color = bmp. GetPixel( w, h);        //获取一个像素的颜色值
            byte gray = ( byte) ( ( color. R * 229 + color. G * 587 + color. B * 114) /1000);
            bmp. SetPixel( w, h, Color. FromArgb( gray, gray, gray));
                                                    //转换成灰度写回去
        }
    }
    g. DrawImage ( bmp, 0, 0);
    pictureBox1. Image = bmp;                    //在图片框中显示灰度图像
    g. Dispose ( );                              //释放 Graphics 对象的资源
}
```

9.3.3　灰度图像转换为伪彩色图像

在某些图像的获取领域或者从图像的传递方面考虑，使用灰度图像往往可以减少数据量。一般灰度图像只有 256 个灰度等级（高精度的灰度图像可达 1024 个灰度等级）。在某些显示图像的场合，需要将原始的灰度图像转换成伪彩色图像输出。

将灰度图像转换成伪彩色图像，实际上就是把不同灰度值的像素用相应的彩色表示。只要设计一个编码表，将 256 个灰度等级一一对应地映射到一组彩色上，用查表的方法将灰度图像中的每个像素用对应的彩色替代，就得到了伪彩色图像。

下面介绍利用彩虹编码基准颜色条将灰度图像转换到伪彩色图像的基本原理。为了简化程序，使用了一个大小为 266×30 的彩条图像作为彩色基准，如图 9-20 所示。这个彩条中包含了彩虹编码表的全部信息。利用 GetPixel 方法读取位于该图像中间的一行像素并且丢弃该行头、尾各 5 个像素，只取用第 5~260 个像素，把它们的颜色值保存到一个 Color 结构的数组中。

图 9-20　表示彩虹编码表的彩条图像

获取了基准颜色后，使用 SetPixel 方法，根据灰度图像中坐标 x、y 指定像素的灰度值，通过查表方法从基准颜色数组中获得对应的彩色值，然后将这个彩色值写到伪彩色图像中的对应位置。

【例 9-17】　创建 Windows 窗体应用程序。程序运行时，首先通过"打开文件"菜单命令打开指定的灰度图像文件并显示到图片框中（如图 9-21a 所示），然后选择"伪彩色转换"菜单命令将灰度图像转换成伪彩色图像，如图 9-21b 所示。

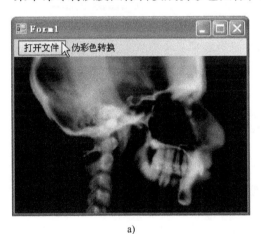

a)

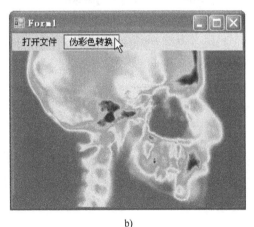

b)

图 9-21　灰度图像转换成伪彩色图像
a）原始的灰度图像　b）转换后得到的伪彩色图像

```
//定义类属 Bitmap 对象
Bitmap bmp;
Bitmap refbmp = new Bitmap("基准颜色.jpg");              //获得基准颜色编码表
//"打开文件"菜单命令单击事件处理程序
private void menuFileOpen_Click(object sender, EventArgs e)      //打开灰度图像文件
{
    OpenFileDialog dialog = new OpenFileDialog();          //声明打开文件对话框控件
    if (dialog.ShowDialog() == DialogResult.OK)            //获得文件名
    {
        bmp = new Bitmap(dialog.FileName);                 //将灰度图像作为处理对象
        pictureBox1.Image = bmp;                           //显示灰度图像
```

```
            }
    }
//"伪彩色转换"菜单命令单击事件处理程序
private void menuPseudo_Click(object sender, EventArgs e)
{
        waiting();                                          //显示请求等待的信息
        Color[] refColor = new Color[256];                  //用来存储颜色编码表的
                                                            //数组
        for (int x = 5; x < 260; x ++)                      //丢弃头、尾各5个像素
            refColor[x − 5] = refbmp. GetPixel(x, 15);      //取基准颜色图像的中间部分
        Bitmap pseudo = new Bitmap(bmp. Width, bmp. Height);//存储伪彩色图像
        for (int x = 0; x < pseudo. Width; x ++)            //逐个像素进行伪彩色转换
            for (int y = 0; y < pseudo. Height; y ++)
                pseudo. SetPixel(x, y, refColor[bmp. GetPixel(x, y). G]);
        pictureBox1. Image = pseudo;                        //显示伪彩色图像
}
//自定义方法 waiting 显示请求等待的信息
private void waiting()
{
        Graphics g = pictureBox1. CreateGraphics();
        SolidBrush sb = new SolidBrush(Color. White);
        Font font = new Font("宋体", 20);
        Point point = new Point(10, 10);
        g. DrawString("正在转换,请稍等……", font, sb, point);
}
```

习　题

一、单项选择题

1. 使用画笔在窗体上绘制直线或曲线时，下列命名空间可以不引用的是（　　　）。
   A. System. Drawing
   B. System. Drawing. Drawing2D
   C. System. Windows. Form
   D. System. IO

2. 绘制由 3 段贝塞尔曲线构成的连续曲线，提供参数的 Point 类型数组需要至少（　　　）个元素。
   A. 8
   B. 9
   C. 10
   D. 12

3. 调用 Color. FromArgb(0,255,255,0)方法，得到的颜色是（　　　）。
   A. 红色
   B. 绿色
   C. 黄色
   D. 无色

4. 设置画笔绘制直线或曲线样式的属性是（　　　）。

    A. DashStyle   B. LineSyle

    C. DashDotDot   D. LineDot

5. 在窗体上绘图时，需要引用的命名空间是（　　　）。

    A. System. Data   B. System. Text

    C. System. Drawing   D. System. ComponentModel

6. 下面所列选项中，可以获取鼠标位置的事件是（　　　）。

    A. MouseDown   B. MouseUp

    C. MouseMove   D. 都可以

7. 下面关于 Graphics 对象的描述中，说法错误的是（　　　）。

    A. Graphics 对象可以通过窗体的 CreateGraphics 创建

    B. 可以从已经存在的 Bitmap 对象中创建

    C. Graphics 对象可以通过按钮的 CreateGraphics 创建

    D. Graphics 对象可以通过 Paint 事件传来的 PaintEventArgs 类型参数的 CreateGraphics 创建

8. 下面关于 GDI + 的描述中，说法正确的是（　　　）。

    A. GDI + 的坐标系原点是计算机屏幕的左上角

    B. GDI + 的坐标系原点是计算机屏幕的正中心

    C. GDI + 的坐标系原点是绘图表面的左上角

    D. GDI + 的坐标系原点是绘图表面的正中心

9. 下面关于 Point 结构和 Size 结构的描述中，说法错误的是（　　　）。

    A. 一个 Point 结构加上一个 Size 结构，会得到一个新的 Point

    B. 一个 Point 结构减去一个 Size 结构，会得到一个新的 Point

    C. 两个 Size 结构相加会得到一个新的 Size 结构

    D. 两个 Point 结构相加会得到一个新的 Size 结构

10. 下面关于颜色的描述中，说法错误的是（　　　）。

    A. 颜色可以使用 Color 结构的静态方法 FromArgb( ) 进行创建

    B. 颜色可以使用 Color 结构中已经定义好的常用颜色获取

    C. 窗体中控件的前景色可以使用窗体中其他控件的背景色

    D. 颜色可以通过 ColorDialog 对话框的 Colors 属性进行获取

二、程序设计题

1. 编写程序实现图片的盒状展开，即最初以最小尺寸出现在 PictureBox 中央，然后逐步放大，最终充满整个图片框。

2. 一块小石头掉进平静的水面，会产生涟漪。编写程序模拟动态显示效果，用鼠标在窗体的任意位置单击来模拟抛入石头。

3. 编写能够模拟五子棋比赛的单机程序。

4. 编写能够模拟俄罗斯方块从窗体上部掉落到窗体底部过程的程序。

5. 创建鼠标自由绘制封闭区域的程序，当鼠标左键按下时，绘制自由曲线，当鼠标左键释放时，自动连接自由曲线的起始点和终止点。

第 10 章　数据库访问基础

　　数据库提供了一种把相关信息集合在一起的方法。数据库系统包含 3 部分：数据库（按照一定规则组织起来的数据集合）、数据库管理系统（对数据进行组织和管理的软件）和数据库应用程序（用于从数据库管理系统中获取、显示和更新数据）。

　　Visual Studio 提供了 ADO . NET 来创建数据库应用程序。本章将介绍如何使用 ADO . NET 中的类来进行基本的数据访问，从而更好地理解 C# 数据库编程的核心技术。

10.1　关系数据库

10.1.1　关系数据库的基本概念

　　目前应用最广泛的是关系数据库模型，典型的关系数据库有 SQL Server、Oracle、DB2、Informix 和 MySQL 等。SQL Server 是 Microsoft 公司推出的关系数据库，为了给使用 Visual Studio 的程序员带来便利，Microsoft 公司在 Visual Studio 2010 系统中集成了一个 SQL Server 2008 的 Express 版本。在 Visual Studio 2010 的开发环境中，可以对 SQL Server 2008（Express 版）进行直接操作。本章后续的数据库访问均使用嵌入在 Visual Studio 2010 的 SQL Server 2008（Express 版）作为后台数据库。

　　关系数据库模型是数据的逻辑表示，表达了关系数据之间的逻辑结构而不是数据的物理结构。关系数据库中包含以下基本概念：

　　1）表（table）：表是一组相关的数据按照行排列而成的有机整体，与一张表格一样。例如，一个学生信息表中包含学生的相关信息，其中每一行对应一个学生的信息，包括姓名、学号、学院、专业和年龄等，每部分在表（StudentInfo）中构成了一个特定的列，见表 10-1。

表 10-1　学生信息表（StudentInfo）

Name	ID	College	Major	Age
张良	20121401	计算机	信息安全	19
王宇	20121402	计算机	网络工程	20
刘燕	20121301	外语	欧美文学	19

　　2）字段：表中的每一列称为一个字段，每个字段都有相应的描述信息，表 10-1 中包含 5 个字段，在设计数据库表时需要确定每一个字段的数据类型、宽度等信息。

　　3）记录：表中的一行称为一条记录，记录由同一行上的所有字段值组成。例如，表 10-1 中包含 3 条记录。

　　4）主键：表中可以用来唯一区别每一条记录的字段或字段组合，称为主键。表中的每个记录在这个主键上都必须有互不相同的取值。例如，在表 10-1 中，字段 ID 可作为主键。

10.1.2 SQL 基础

SQL 是指关系数据库中通用的结构化查询语言，已经被众多的关系数据库管理系统采用。SQL 按照用途可以分为三类：

1）数据操作语言：用于查询、修改和删除数据。

2）数据定义语言：定义关系数据库中的结构，如表。

3）数据控制语言：授予或收回访问数据的权限。

本小节从在 C# 应用程序中对数据库数据进行访问的目的出发，仅介绍几个最常用的数据操作（SQL 语句）的基本使用方法。

1. Select 语句

Select 语句用于对数据库表中数据进行查询操作，其常用的语法格式如下：

Select 字段表 From 表名

［Where 查询条件 Group by 分组字段 Having 分组条件 Order by 字段［DESC］］

Select 使用的子项意义如下：

1）字段表：查询结果中包含的字段列表，字段之间用逗号分开。如果使用星号（＊），则表示选择表的全部字段。在字段后面使用 As［别名］，则显示时用别名代替原来的字段名。

2）From 子句：用于指定被查询的一个或多个表。当数据来自多个表时，字段名前面应加表名前缀。

3）Where 子句：用于构造查询条件，以确定在表中哪些记录会被选中。

4）Group By 子句：把指定字段列表中具有相同值的记录合并成一个分组。如果 Select 语句中含有统计函数，就为每个记录创建摘要值。

5）Having 子句：在利用 Group By 完成的记录分组中，筛选出满足 Having 子句条件的所有记录。

6）Order By 子句：对检索结果进行排序，默认为升序，使用 DESC 选项表示降序。

在 SQL 语句中，Select 和 From 子句是必不可少的，它们说明从何处查找哪些数据。通过使用 Select 语句，可以返回一个记录集。

在 Select 子句中，可以使用表 10-2 中的 SQL 统计函数，对一组符合条件的记录进行统计运算，并返回单一值。例如，AVG 可以返回记录集中所有记录指定字段的字段值平均数。

表 10-2　SQL 中的常用统计函数

统 计 函 数	描　　　　述
AVG	返回记录集中所有记录指定字段值的平均数
COUNT	返回记录集中符合条件记录的个数
SUM	返回记录集中所有记录指定字段值的总和
MAX	返回记录集中所有记录指定字段中的最大值
MIN	返回记录集中所有记录指定字段中的最小值

【例 10-1】　构造从表 10-1 中查询所有学生的信息的 SQL 语句。

Select ＊ From StudentInfo

【例 10-2】 构造从表 10-1 中查询所有计算机学院学生信息的 SQL 语句。

Select * From StudentInfo Where College = '计算机'

【例 10-3】 构造统计表 10-1 中属于计算机学院的人数的 SQL 语句。

Select Count(*) As 学生人数 From StudentInfo Where College = '计算机'

2. Update 语句

Update 语句用于更新表中的一行或多行，语法格式如下：

Update 表名 Set 列名 = 新值 ［where 查询条件］

Update 使用的子项意义如下：

1）列名：指定需要被更新的字段。

2）新值：用于替换原值的数据值。

3）［where 查询条件］：用于构造查询条件，确定哪些记录会被选中更新。

【例 10-4】 构造更新表 10-1 中计算机学院学生的"专业"字段为"计算机科学与技术"的 SQL 语句。

Update StudentInfo Set Major = '计算机科学与技术' where College = '计算机'

3. Delete 语句

Delete 语句用于删除表中的一行或多行，语法格式如下：

Delete From 表名 ［where 查询条件］

【例 10-5】 构造用于删除表 10-1 中外语学院学生信息的 SQL 语句。

Delete From StudentInfo where College = '外语'

10.1.3 创建数据库和表

下面介绍创建数据库和表的基本操作。

1. 创建数据库

选择"视图"菜单中的"服务器资源管理器"，在如图 10-1 所示的"服务器资源管理器"中右键单击"数据连接"项，在出现的快捷菜单中选择"创建新 SQL Server 数据库"命令，如图 10-2 所示。

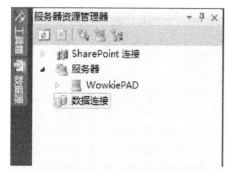

图 10-1 服务器资源管理器

图 10-2 创建新数据库

在弹出对话框的"服务器名"处选择本机的 SQL EXPRESS（本例为 WOWKIEPAD ＼ SQL EXPRESS 其中 WOWKIEPAD 为本机的机器名），在新数据库名中输入指定的数据库名称

（本例为 SchoolInfos），如图 10-3 所示。单击"确定"按钮，在"服务器资源管理器"中的"数据连接"项下出现设置好的数据库连接，如图 10-4 所示。

 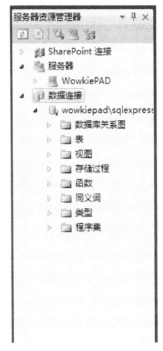

图 10-3　设置新建数据库　　　　　　　　　　图 10-4　数据库连接

2. 创建表

在"服务器资源管理器"中，在选中的"表"上单击鼠标右键，在弹出的快捷菜单中选择"添加新表"命令，进入到表设计界面。在表设计界面中按照需要进行表的设计工作（即确定表中每个字段的名字、数据类型、宽度、是否允许为空等信息）。表设计完成后如图 10-5 所示，单击工具栏上的磁盘图标保存该表，表名为"Student Info"。

列名	数据类型	允许为 null
学号	nchar(10)	☐
学院	nchar(10)	☑
专业	nchar(10)	☑
年龄	int	☑
		☐

图 10-5　设计 StudentInfo 表

3. 录入数据到表中

用鼠标选中"服务器资源管理器"中的"Student Info"表，在弹出的菜单中选择"显示数据表"，并在出现的表浏览界面中输入数据（本例中输入表 10-1 中的数据，如图 10-6 所示），数据输入完成后，单击工具栏上的"！"图标按钮进行保存。

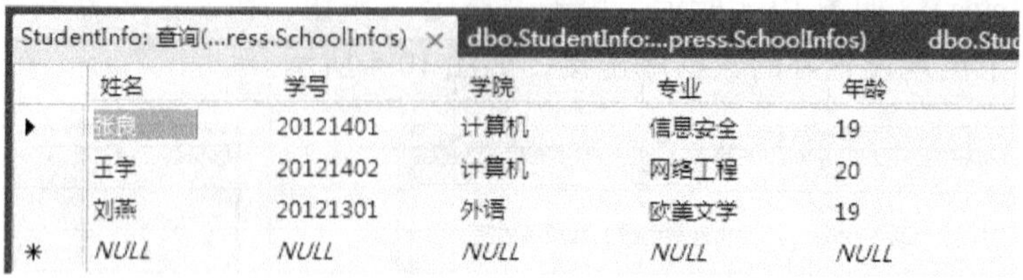

StudentInfo: 查询(...ress.SchoolInfos) × dbo.StudentInfo:...press.SchoolInfos) dbo.Stu

	姓名	学号	学院	专业	年龄
▸	张良	20121401	计算机	信息安全	19
	王宇	20121402	计算机	网络工程	20
	刘燕	20121301	外语	欧美文学	19
*	NULL	NULL	NULL	NULL	NULL

图 10-6　向 StudentInfo 表中录入数据

10.2　ADO . NET

10.2.1　ADO . NET 基础

作为一种新的数据库访问编程模型，ADO . NET 提供了许多类用以实现对关系数据库的访问。图 10-7 展示了 ADO . NET 中数据访问的层次结构，该结构中包含了 ADO . NET 中的各个对象。

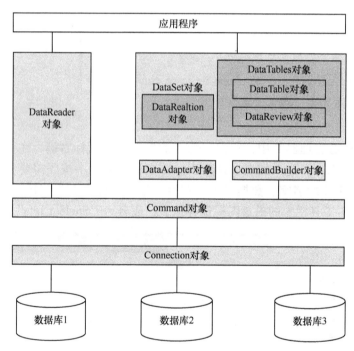

图 10-7　ADO. NET 中各个类的关系

从图 10-7 可以看出，应用程序可以从 DataReader 和 DataSet 两个对象中读取数据，但两种途径都必须先通过 Connection 对象建立到数据库的连接，然后通过 Command 对象封装执行 SQL 命令，并从数据库中返回结果。在 SQL Server Express 2008 中，对应的 Connection 对象和 Command 对象分别是 SqlConnection 对象和 SqlCommand 对象，这两个对象均包含在 System. Data. Sql 命名空间中。

1. SqlConnection 对象

SqlConnection 对象主要用于建立一个到 SQL Server Express 的连接，它的常用属性和方法见表 10-3。

表 10-3　SqlConnection 对象的常用属性和方法

属性或方法	说　　明
ConnectionString	获取或设置用于打开数据库的字符串
ConnectionTimeout	获取在尝试建立连接时终止尝试，并生成错误之前所等待的时间
DataBase	获取当前数据库，或连接打开后要使用的数据库的名称
DataSource	获取要连接的数据源实例名称（服务器名或文件名）
Provider	获取在连接字符串"Provider ="子句中指定的 OLEDB 提供程序的名称
State	用来表示同当前数据库连接状态的一个枚举类型（ConnectionState）值，只读
Close( )方法	关闭到数据源的连接
Open( )方法	按 ConnectionString 的设置打开数据库连接

【例 10-6】　创建如图 10-8 所示的 Windows 窗体应用程序，使用 SqlConnection 对象建立与 SQL Server 数据库的连接。如果连接成功，则在标签中显示"数据库连接已成功建立"，否则报告错误信息。

图 10-8　连接 SQL Server 数据库

"连接数据库"按钮单击事件处理程序如下。

```
private void button1_Click( object sender, EventArgs e)
{
    string str = @ "Data Source = WOWKIEPAD\SQLEXPRESS;
        Initial Catalog = SchoolInfos;Integrated Security = True;Pooling = False";
    SqlConnection conn = new SqlConnection( str);        //创建连接数据库的对象
    try
    {
        conn. Open( );      //打开连接数据库
        if( conn. State == ConnectionState. Open)
        {
            label1. Text += "数据库连接已成功建立";
        }
    }
    catch( Exception ex)
```

```
    {
        label1. Text += ex. Message. ToString( );        //未能连接数据库时的错误信息
    }
    finally
    {
        conn. Close( );        //关闭连接
    }
}
```

2. SqlCommand 对象

SqlCommand 对象主要用于生成并执行 SQL 语句，对 SQL Server 数据库进行查询、插入、删除和更新等操作，它的常见属性和方法见表 10-4。

表 10-4　SqlCommand 对象的常用属性和方法

属性或方法	说　明
CommandText	获取或设置要对数据源执行的 SQL 语句或存储过程
CommandTimeout	获取或设置在终止对执行命令的尝试并生成错误之前的等待时间
CommandType	获取或设置 CommandText 属性中的语句是 SQL 语句、数据表名还是存储过程 1）Text 或不设置，说明 CommandText 的值是一个 SQL 语句 2）TableDirect，说明 CommandText 的值是一个要操作的数据表名 3）StoredProcedure，说明 CommandText 的值是一个存储过程
OleDbCommand( )方法	用来构造 OleDbCommand 对象的构造函数，有多种重载形式
ExecuteNonQuery（ ）方法	用来执行 Insert、Update、Delete 等 SQL 语句，不返回结果集，仅返回操作所影响的行数。如果 Update 和 Delete 命令所对应的目标记录不存在，返回 0；如果出错，返回 -1
ExecuteScalar( )方法	通常用来执行包含 Count、Sum 等聚合函数的 SQL 语句，并返回结果集中的首行首列。如果结果集大于一行一列，则忽略其他部分
ExecuteReader( )方法	获得执行 SQL 查询语句后的结果集，返回值为一个 DataReader 对象

【例 10-7】　创建如图 10-9 所示的 Windows 窗体应用程序，使用 SqlConnection 对象建立与 SQL Server 数据库的连接，并且使用 SqlCommand 对象的 ExecuteScalar( )方法统计指定学院的学生人数，执行结果显示在标签中。

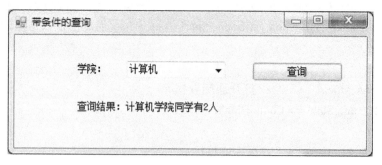

图 10-9　使用 SqlCommand 对象的 ExecuteScalar( )方法示例

```
//类属对象定义
string str = @ "Data Source = localhost\SQLEXPRESS;Initial Catalog = SchoolInfo;
```

```
                    Integrated Security = True; Pooling = False";  //SchoolInfo 为数据库的名字
SqlConnection conn = new SqlConnection();    //创建连接数据库的对象
SqlCommand sqlCmd = new SqlCommand();          //创建 SqlCommand 对象
//窗体加载事件处理程序(窗体加载时,连接数据库)
private void Form1_Load(object sender, EventArgs e)
{
    conn. ConnectionString = str;      //设置连接信息
    try
    {
        conn. Open();     //打开连接数据库
        if (conn. State == ConnectionState. Open)
        {
            MessageBox. Show("数据库连接已成功建立","数据库连接提示",
                    MessageBoxButtons. OK, MessageBoxIcon. Information);
        }
        sqlCmd. Connection = conn;
        sqlCmd. CommandText = "Select count( * ) from StudentInfo where college =
                    '" + Combox 1. Tex + """';
                                            //获取 StudentInfo 表中数据
    }
    catch (Exception ex)
    {
        MessageBox. Show(ex. Message. ToString(),"数据库连接提示",
                MessageBoxButtons. OK, MessageBoxIcon. Error);
    }
}
//"查询"按钮单击事件处理程序
private void button1_Click(object sender, EventArgs e)
{
    int count = (int)sqlCmd. ExecuteScalar();     //返回统计结果
    label1. Text += count. ToString();
}
```

10.2.2 DataReader 对象读取数据

DataReader 对象以顺序向前(Forward Only)、只读(Read Only)的方式从数据库中获得数据结果集,所谓"顺序向前"方式就是从数据库文件头向数据库文件尾访问数据的方式。查询结果保存到客户端的网络缓冲区中,提供给 DataReader 对象的 Read 方法读取。同时,DataReader 对象要求在进行数据库访问时一直与被操作的数据库保持连接。

创建 DataReader 对象时,不是通过 DataReader 的构造函数来进行对象的实例化,而是使用 SqlCommand 对象的 ExecuteReader 方法来进行 Datareader 对象的实例化操作。例如，假定已经正确创建并实例化了 SqlCommand 对象 com，使用下面方式创建 SqlDataReader 对象 Reader：

SqlDataReader Reader = com. ExecuteReader( );

DataReader 对象的常用属性和方法见表 10-5。

表 10-5　DataReader 对象的常用属性和方法

属性和方法	说　明
FieldCount	由 DataReader 得到的一行数据中的列（字段）数
HasRows	判断 DataReader 是否包含数据，返回值为 bool 类型
IsClosed	判断 DataReader 对象是否关闭，返回值为 bool 类型
Close( )方法	关闭 DataReader 对象，无返回值
GetValue( )方法	根据列索引值，获取当前记录行内指定列的值，返回值为 Object 类型
GetValues ( )方法	获取当前记录行内的所有数据，返回值为一个 Object 类型数组
GetDataTypeName( )方法	根据列索引值，获得数据集指定列（字段）的数据类型
GetString( )方法	根据列索引值，获得数据集 string 类型指定列（字段）的值
GetChar( )方法	根据列索引值，获得数据集 char 类型指定列（字段）的值
GetInt32( )方法	根据列索引值，获得数据集 int 类型指定列（字段）的值
GetName( )方法	根据列索引值，获得数据集指定列（字段）的名称，返回值为 string 类型
NextResult( )方法	将记录指针指向下一个结果集。调用该方法获得下一个结果集后，依然要用 Read( )方法来开始访问该结果集
Read( )方法	将记录指针指向当前结果集中的下一条记录，返回值为 bool 类型

【例 10-8】　创建如图 10-10 所示的 Windows 窗体应用程序，用以查询 StudentInfo 表，统计指定学院的人数。

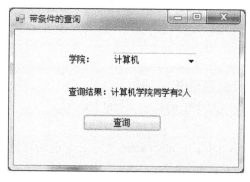

图 10-10　统计指定学院的人数

//类属对象定义

string str = @ ″Data Source = localhost\SQLEXPRESS;Initial Catalog = SchoolInfo;

　　　　　　Integrated Security = True;Pooling = False″;　　//SchoolInfo 为数据库的名字

SqlConnection conn = new SqlConnection( );　　//创建连接数据库的对象

SqlCommand sqlCmd = new SqlCommand( );　　//创建 SqlCommand 对象

//窗体加载事件处理程序

private void Form1_Load(object sender, EventArgs e)　　//窗体加载时连接数据库

```
    {
        conn. ConnectionString = str;        //设置连接信息
        try
        {
            conn. Open( );                //打开连接数据库
            if ( conn. State == ConnectionState. Open)
            {
                MessageBox. Show("数据库连接已成功建立","数据库连接提示",
                    MessageBoxButtons. OK, MessageBoxIcon. Information);
            }
        }
        catch ( Exception ex)
        {
            MessageBox. Show( ex. Message. ToString( ) ,"数据库连接提示",
                MessageBoxButtons. OK, MessageBoxIcon. Error);
        }
    }
    //"查询"按钮单击事件处理程序
    private void button1_Click( object sender, EventArgs e)
    {
        label2. Text = "查询结果:";
        string college = comboBox1. Text;
        Console. Write( college);
        if ( college == " ")
        {
            MessageBox. Show("请先选择学院","提示信息",
                MessageBoxButtons. OK, MessageBoxIcon. Error);
            return;
        }
        sqlCmd. Connection = conn;
        //获取 StudentInfo 表中 College 为选择框里面内容的人数
        sqlCmd. CommandText = "Select * from StudentInfo where College ='" +college+ " ' ";
        int count = ( int)sqlCmd. ExecuteScalar( );        //返回统计结果
        label2. Text += college + "学院同学有" + count. ToString( ) + "人";
    }
```

【例 10-9】 创建如图 10-11 所示的 Windows 窗体应用程序。程序运行时,单击"查看学生信息"按钮显示 StudentInfo 表所有学生的信息,单击"添加学生"按钮可以将一名学生的信息添加到 StudentInfo 表中。

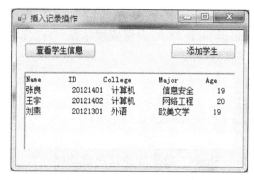

图 10-11　添加学生记录示例

```csharp
//类属对象定义
string str = @"Data Source = localhost\SQLEXPRESS;Initial Catalog = SchoolInfo;
        Integrated Security = True;Pooling = False";      //SchoolInfo 为数据库的名字
SqlConnection conn = new SqlConnection( );      //创建连接数据库的对象
SqlCommand sqlCmd = new SqlCommand( );      //创建 SqlCommand 对象
//窗体加载事件处理程序
private void Form1_Load(object sender, EventArgs e)    //窗体加载时连接数据库
{
    conn. ConnectionString = str;      //设置连接信息
    try
    {
        conn. Open( );      //打开连接数据库
    }
    catch (Exception ex)
    {
        MessageBox. Show( ex. Message. ToString( ), "数据库连接提示",
            MessageBoxButtons. OK, MessageBoxIcon. Error);
    }
}
//"查看学生信息"按钮单击事件处理程序
private void button1_Click(object sender, EventArgs e)
{
    sqlCmd. Connection = conn;
    sqlCmd. CommandText = "Select * from StudentInfo";      //获取表 StudentInfo 中的信息
    richTextBox1. Clear( );      //清空 richTextBox1 内容
    SqlDataReader result = sqlCmd. ExecuteReader( );      //获取数据集
    //显示数据字段名
    for (int i = 0; i < result. FieldCount; i++)
    {
```

```
                richTextBox1. Text += result. GetName(i) + "        ";
        }
        richTextBox1. Text += "\n";        //换行
        while (result. Read() == true)        //每调用一次 Read 方法,指针自动后移一位
        {
                for(int i =0;i < result. FieldCount;i ++)    //result. FieldCount 为查询结果字段数
                        richTextBox1. Text += result[i];        //将结果显示在 richTextBox1 中
                richTextBox1. Text += "\n";            //显示完一条记录后换行
        }
        result. Close();        //关闭数据集
}
//"添加学生"按钮单击事件处理程序
private void button2_Click(object sender, EventArgs e)
{
        sqlCmd. CommandText =
                @"Insert into StudentInfo Values('李强','20121403','计算机','信息安全',20)";
        try
        {
                int flag = sqlCmd. ExecuteNonQuery();        //执行插入操作
                if(flag >0)
                {
                        MessageBox. Show("插入记录成功","记录插入操作");
                }

        } catch(Exception ex)
        {
                MessageBox. Show(ex. ToString(),"记录插入失败,请检查学号是否存在");
        }
}
```

【**例 10-10**】 创建如图 10-12 所示的 Windows 窗体应用程序。程序运行时,单击"查看学生信息"按钮显示 StudentInfo 表中所有学生的信息,单击"修改学生信息"按钮将学号为 20121403 的学生年龄改为 21 岁。

```
//类属对象定义
string str = @"Data Source = localhost\SQLEXPRESS;Initial Catalog = SchoolInfo;
        Integrated Security = True;Pooling = False";        //SchoolInfo 为数据库的名字
SqlConnection conn = new SqlConnection();        //创建连接数据库的对象
SqlCommand sqlCmd = new SqlCommand();        //创建 SqlCommand 对象
//窗体加载事件处理程序
private void Form1_Load(object sender, EventArgs e)        //窗体加载时连接数据库
{
```

```
        conn. ConnectionString = str;        //设置连接信息
        try
        {
            conn. Open( );        //打开连接数据库
        }
        catch ( Exception ex)
        {
            MessageBox. Show( ex. Message. ToString( ), "数据库连接提示",
                MessageBoxButtons. OK, MessageBoxIcon. Error);
        }
    }
//"查看学生信息"按钮单击事件处理与例10-9同(读者可参考例10-9中相应代码)
//"修改学生信息"按钮单击事件处理程序
private void button2_Click( object sender, EventArgs e)
{
    sqlCmd. CommandText = @ "Update StudentInfo Set age = 21 where ID = ' 20121403'";
    try
    {
        int flag = sqlCmd. ExecuteNonQuery( );        //执行插入操作
        if ( flag > 0)
        {
            MessageBox. Show( "修改记录成功", "修改插入操作");
        }
    }
    catch ( Exception ex)
    {
        MessageBox. Show( "未找到要修改的记录", "记录修改失败");
    }
}
```

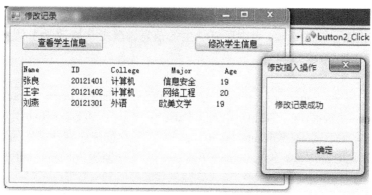

图 10-12   修改学生信息示例

【**例 10-11**】 创建如图 10-13 所示的 Windows 窗体应用程序。程序运行时，单击"查看学生信息"按钮显示 StudentInfo 表中所有学生的信息，单击"删除记录"按钮将学号为"20121403"学生的信息删除。

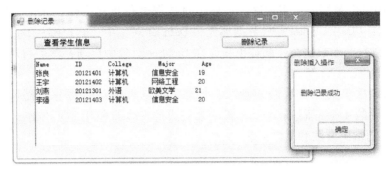

图 10-13 删除学生信息示例

```
//类属对象定义
string str = @ "Data Source = localhost \SQLEXPRESS;Initial Catalog = SchoolInfo;
       Integrated Security = True;Pooling = False";              //SchoolInfo 为数据库的名字
SqlConnection conn = new SqlConnection( );              //创建连接数据库的对象
SqlCommand sqlCmd = new SqlCommand( );              //创建 SqlCommand 对象
//窗体加载事件处理程序与例 10-9 相同(读者可参考例 10-9 中相应代码)
//"查看学生信息"按钮单击事件处理与例 10-9 同(读者可参考例 10-9 中相应代码)
//"删除记录"按钮单击事件处理程序
private void button2_Click(object sender, EventArgs e)
{
    sqlCmd. CommandText = @ "Delete from StudentInfo where ID = '20121403'";
    try
    {
        int flag = sqlCmd. ExecuteNonQuery( );        //执行插入操作
        if (flag > 0)
        {
            MessageBox. Show("删除记录成功", "删除插入操作");
        }
    }
    catch (Exception ex)
    {
        MessageBox. Show("表中未找到要删除的记录", "记录删除失败");
    }
}
```

10.2.3 DataSet 对象读取数据

1. 数据适配器（DataAdapter）

在.NET 中开发数据库应用程序，一般不对数据进行直接操作，而是在连接数据库后，使用数据适配器（DataAdapter）将数据填充到 DataSet 对象中，客户端从 DataSet 对象中读取所需数据。更新数据库数据时，同样也是先在 DataSet 对象中更新，然后再用 DataAdapter 更新数据库中的数据。

DataAdapter 用于执行对数据的读取、添加、更新和删除等操作，而这些操作是通过 DataAdapter 对象的 4 个不同 Command 属性来完成的。本章使用 SQL Server 为后台数据库，SqlDataAdapter 的常用方法和属性见表 10-6。

表 10-6 SqlDataAdapter 的常用方法和属性

属性和方法	说　明
DeleteCommand	获取或设置 SQL 语句或存储过程，用于从数据集中删除记录
InsertCommand	获取或设置 SQL 语句或存储过程，用于将新记录插入到数据源中
SelectCommand	获取或设置 SQL 语句或存储过程，用于选择数据源中的记录
UpdateCommand	获取或设置 SQL 语句或存储过程，用于更新数据源中的记录
Fill( )方法	将数据源数据填充到本机的 DataSet 或 DataTable 中，填充完成后自动断开连接
Update( )方法	把 DataSet 或者 DataTable 中的处理结果更新到数据库中

在进行数据库操作时，DataAdapter 的 Fill( )方法将从数据库读取来的数据填充到 DataSet 对象中，填充完成后即断开与数据库服务器的连接，在客户端即可对 DataSet 对象中的数据集合进行各种形式的访问操作。

对 DataSet 对象中的数据读/写完成后，使用 Update 方法自动恢复 DataSet 与对应数据库的连接，然后将 DataSet 中的处理结果更新到数据库中，更新操作完成后自动断开与数据库的连接。

DataSet 对象是 ADO.NET 中的核心组件，是基于.NET 语言平台开发数据库应用程序最常用的类。在实现 ADO.NET 数据库操作过程中，完成从数据库中的数据抽取后，DataSet 就是数据的存储区，是各种数据在计算机内存中映射成的缓冲区，可以看做是一个中间的数据容器。DataSet 对象包含了 DataTable、DataRow、DataColumn 等对象。

2. DataTable 对象

DataTable 对象用来存储来自数据源的一张表，调用 DataAdapter 对象的 Fill( )方法，可以把来自数据源的数据填充到本机的 DataTable 对象中。表 10-7 列出了 DataTable 对象常用的属性和方法。

表 10-7 DataTable 对象常用的属性和方法

属性和方法	说　明
Rows	获取或设置当前 DataTable 内的所有行（即相应数据表中的所有记录）
Columns	获取或设置当前 DataTable 内的所有列
AcceptChanges( )方法	提交自上次调用 AcceptChanges( )方法以来对当前表进行的所有更改
Clear ( )方法	清除 DataTable 中原来的数据，通常在获取新的数据前调用

（续）

属性和方法	说　　明
Load（IDataReader reader）方法	通过参数中的 IDataReader，把对应数据源中的数据装载到 DataTable
Merge（DataTable table）方法	把参数中的 DataTable 和当前 DataTable 合并
NewRow（）方法	为当前的 DataTable 增加一个新行，返回表示行的 DataRow 对象
Select（）方法	选择符合筛选条件，与指定状态匹配的 DataRow 对象组成的数组

3. DataRow 对象和 DataColumn 对象

DataRow 对象用来描述数据库表中的记录，而 DataColumn 对象则用来描述数据表中的字段。使用这两个对象，可以在程序运行期间对数据库表进行编辑，而且可以处理到具体的字段。DataRow 对象的常用属性和方法见表 10-8，DataColumn 对象的常用属性见表 10-9。

表 10-8　DataRow 对象的常用属性和方法

属性和方法	说　　明
RowState	当前行的状态（可取的值包括 Added、Deleted、Modified、Unchanged）
AcceptChanges（）方法	提交自上次执行 AcceptChanges（）方法以来对当前行的所有修改
Delete（）方法	删除当前的 DataRow 对象
RejectChanges（）方法	拒绝自上次执行 AcceptChanges（）方法以来对当前行的所有修改
BeginEdit（）方法	开始对当前 DataRow 对象的编辑操作
CancelEdit（）方法	撤销对当前 DataRow 对象的编辑操作
EndEdit（）方法	结束对当前 DataRow 对象的编辑操作

表 10-9　DataColumn 对象的常用属性

属　　性	数 据 类 型	说　　明
AllowDBNull	bool	是否允许当前列为空
AutoIncrement	bool	是否为自动编号列
Caption	string	获取和设置列的标题
ColumnName	string	列的名称
DataType	Type	列的数据类型
DefaultValue	object	列的默认值
MaxLength	int	文本列的最大长度

DataSet 对象有一个 Tables 属性，它是 DataSet 中所有 DataTable 对象的集合。Tables 的类型是 DataTableCollection，它有一个重载的索引符，可以用两种方式访问每个 DataTable。

1）按表名访问。如果已有数据集对象 thisDataSet，则通过 thisDataSet. Tables［″Customers″］的形式指定访问 thisDataSet 对象中名为 Customers 的数据表。

2）按索引（索引是基于 0 开始）访问。若已有数据集对象 thisDataSet，则通过 thisDataSet. Tables［0］指定访问 thisDataSet 中序号为 0 的数据表。

确定访问 DataSet 对象中的数据表后，需要确认访问数据表中的哪一行，每个 DataTable 对象都有一个属性 Rows，它是 DataRow 对象构成的有序集合，因此可以按照需要确定访问 DataTable 的哪个数据行。例如，"thisDataSet. Tables［"Customers"］. Row［n］;"语句表示访问数据集实例 thisDataSet 中 Customers 数据表的第 n－1 行（索引是基于 0 开始）。

访问数据集某个表中某行指定列数据，需要使用如下格式的语句：

DataSet. Tables［″数据表名″］. Row［n］［″列名″］

例如，"thisDataSet . Tables［"Customers"］. Row［n］［"Name"］；"语句表示访问数据集实例 thisDataSet 中 Customers 数据表的第 n – 1 行（索引是基于 0 开始）的 Name 列中的数据。

【例 10-12】 创建如图 10-14 所示的 Windows 窗体应用程序。程序运行时，单击"查询"按钮，利用 DataSet 查询 StudentInfo 表中学生的所有信息。

图 10-14 DataSet 的无条件查询

```
//类属对象定义
DataSet dataset；
//"查询"按钮单击事件处理程序
private void button1_Click(object sender，EventArgs e)
{
    DataTable dt = dataset. Tables［"StudentInfo"］；
    label1. Text += "\n\n 姓名      学号      学院      专业      年龄"；
    for (int i = 0；i ＜ dt. Rows. Count；i ++ )
    {
        label1. Text += "\n\n"；
        label1. Text += dt. Rows［i］［"Name"］；
        label1. Text += dt. Rows［i］［"ID"］；
        label1. Text += dt. Rows［i］［"College"］；
        label1. Text += dt. Rows［i］［"Major"］；
        label1. Text += dt. Rows［i］［"Age"］；
    }
}
//窗体加载事件处理程序
private void Form1_Load(object sender，EventArgs e)
{
    string str = @ "Data Source = localhost\SQLEXPRESS；Initial Catalog = SchoolInfo；
        Integrated Security = True；Pooling = False"；      //SchoolInfo 为数据库的名字
    string sql = "select ∗ from StudentInfo"；
    SqlDataAdapter adapter = new SqlDataAdapter(sql，str)；
```

```
adapter. Fill( dataset,"StudentInfo");
}
```

【例10-13】　创建如图 10-15 所示的 Windows 窗体应用程序。程序运行时，单击"查询"按钮，利用 DataSet 查询 StudentInfo 表中所有计算机学院学生的信息。

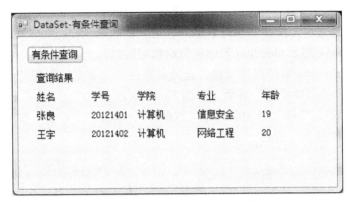

图 10-15　DataSet 的有条件查询

//类属对象定义和窗体加载事件处理程序同例 10-12
//"有条件查询"按钮单击事件处理程序

```
private void button1_Click( object sender, EventArgs e)
{
    DataTable dt = dataset. Tables[ "StudentInfo"];
    label1. Text += " \n\n 姓名      学号      学院      专业      年龄";
    for ( int i = 0; i < dt. Rows. Count; i ++ )
    {
        string College = dt. Rows[ i][ "College"]. ToString( ). Trim( );
        if( College. CompareTo( "计算机")! = 0)
            continue;
        label1. Text += " \n\n";
        label1. Text += dt. Rows[ i][ "Name"];
        label1. Text += dt. Rows[ i][ "ID"];
        label1. Text += dt. Rows[ i][ "College"];
        label1. Text += dt. Rows[ i][ "Major"];
        label1. Text += dt. Rows[ i][ "Age"];
    }
}
```

10.3　数据绑定

在 C# 数据库程序设计中，无论是使用 DataReader 访问数据库，还是使用 DataSet 访问数据库，均需要编写一定数量的代码。为了简化数据库应用编程，从 Visual Studio 2008 开始，Visual Studio 开发平台提供了数据绑定（Data Binding）技术。利用数据绑定技术与 C# 提供的数据控件（DataSet、BindingSource 和 DataGridView 等）配合，程序中只需要编写很少的代码，甚至连一句代码都不写，就可以实现数据库的访问。

10.3.1　数据控件数据绑定

程序设计阶段通过手工操作实现对数据的绑定。下面以 StudentInfo 表为例，介绍将数据显示控件 DataGridView 与 StudentInfo 表中的数据绑定的过程。

1）创建一个 Windows 窗体程序项目，选择菜单栏中"数据"组中的子菜单"添加新数据源"，出现"选择数据源类型"界面，如图 10-16 所示。

2）在"选择数据源类型"界面中选择"数据库"，单击"下一步"按钮，出现如图 10-17 所示的"选择数据库模型"界面。

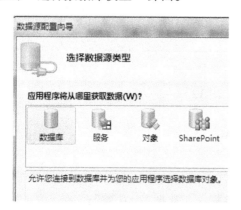

图 10-16　选择数据源类型

图 10-17　选择数据库模型

3）在"选择数据库模型"界面中选择"数据集"，单击"下一步"按钮，出现如图 10-18 所示的"选择您的数据连接"界面。选择好数据连接后，出现如图 10-19 所示的"选择数据库对象"界面。

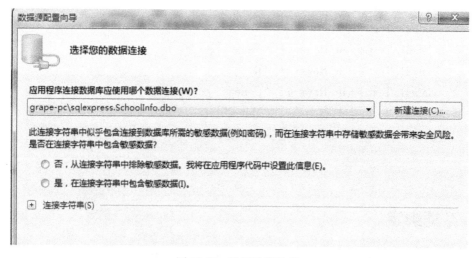

图 10-18　选择数据连接

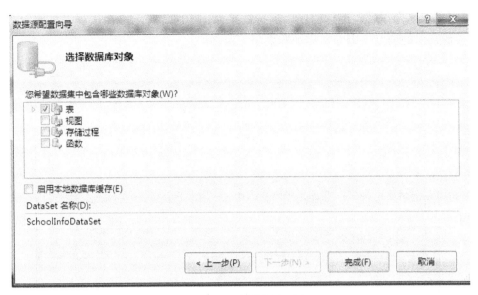

图 10-19　选择数据库对象

4）选中"选择数据库对象"界面中"表"前面的复选框，然后单击"完成"按钮。

5）在菜单栏中单击"数据"→"显示数据源"，就会在工具箱的位置上显示出数据集 SchoolInfoDataSet 之下所包含的表，如图 10-20 所示。

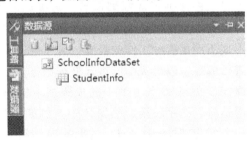

图 10-20　显示数据源

6）选择"数据源"窗口中"StudentInfo"表前面的图标，并将该图标拖放到窗体中，出现如图 10-21 所示的界面。此时可以看见，在窗体的下方包含了"SchoolInfoDataSet"等 5 个对象。

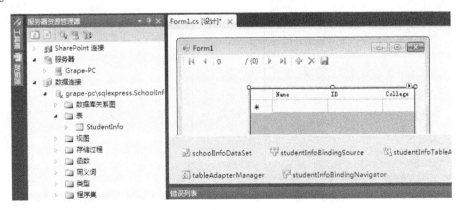

图 10-21　数据绑定

7）完成上述操作后，运行程序，运行结果如图 10-22 所示。在该程序界面中可以操作导航条实现数据的浏览、删除、添加和更新等操作。

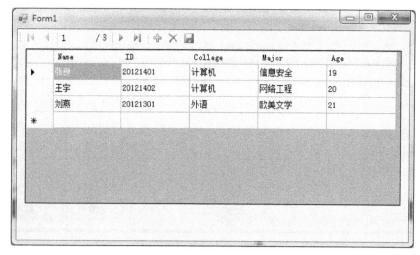

图 10-22　数据绑定到 DataGridView 控件的运行结果

10.3.2　公共控件数据绑定

对 DataGridView 等数据显示控件进行数据绑定后，数据内容作为整体在这些控件中呈现。这样展现数据库表的内容的优点是信息量大、操作直观简便，缺点是不能突出显示所需要的数据项、显示数据的形式不满足实际工作的需要。为了弥补上述不足，可以将数据库数据和多种多样的公共控件进行绑定，以更灵活的方式处理数据。

公共控件的数据绑定操作步骤与 10.3.1 节中的步骤基本相同，不同点在于，不是将整个数据表拖放到窗体中，而是将表的字段拖放到窗体中。例如，当将 "Name" 字段拖放到窗体中后，窗体中会出现一个名为 "NameLabel" 的标签控件和一个名为 "NameText" 的文本框控件。将表中所有希望展现的字段拖放到窗体中即可完成绑定设计。图 10-23 展示的是 StudentInfo 表所有字段进行绑定的设计情况，图 10-24 是程序运行时的窗体界面，在窗体上操作导航条可以浏览每条数据。

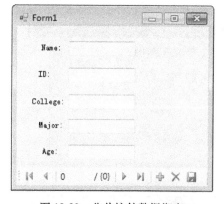

图 10-23　公共控件数据绑定

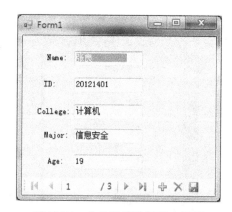

图 10-24　公共控件数据绑定运行

习 题

一、单项选择题

1. 下面关于数据库的描述中，说法错误的是（ ）。
   A. 一个数据库只包含一张表
   B. 一个数据库可以包含多张表
   C. 数据库表中的不同字段数据类型可以不同
   D. 表中同一字段的数据类型必须相同

2. SQL 语句 "Select 姓名,性别,籍贯 from 学生 where 专业 = "微生物"" 所查询的数据库表是（ ）。
   A. 学生
   B. 微生物
   C. 专业
   D. 姓名

3. 下面关于 DataSet 对象的说法中，错误的是（ ）。
   A. 使用 DataSet 对象可以直接显示或访问数据库中的数据
   B. DataSet 通过 DataAdapter 对象从数据库获取数据
   C. DataSet 从数据源获取数据后，立即与数据源断开
   D. DataSet 需要更新数据时，与数据源建立临时连接，完成更新后再次断开

4. 对于 Select 语句，可以根据需要选用的子句是（ ）。
   A. Select 子句
   B. From 子句
   C. Where 子句
   D. 都可以

5. 下面所列选项中，不属于 SQL 的是（ ）。
   A. 数据操作语言
   B. 数据定义语言
   C. 数据控制语言
   D. 数据读写语言

6. 下面关于主键的说法中，错误的是（ ）。
   A. 主键必须唯一地识别每一个记录
   B. 一个记录的主键不能为空
   C. 能够唯一表示数据表中的每个记录的字段可以作为主键
   D. 字段的组合不能作为主键

7. 下面关于 Update 语句的说法中，最全面的是（ ）。
   A. Update 子句必须出现
   B. Set 子句必须出现
   C. Where 子句必须出现
   D. A 和 B 同时满足

8. 下面关于 Delete 语句的说法中，正确的是（ ）。
   A. Delete 语句用于删除表
   B. Delete 语句可以一次删除多条记录
   C. Delete 语句一次只能删除一条记录
   D. Delete 语句属于数据控制语言

9. 下面关于数据库的说法中，正确的是（ ）。
   A. Visual Studio 中只能使用 SQL Server 数据库
   B. Command 对象执行不同类型的 SQL 语句时，可以使用不同的方法
   C. 对 DataSet 中的数据修改，会立即导致对数据库中的数据进行修改

D. 以上说法都不正确

10. 在数据库连接字符串中，用以表示数据库名称的属性是（　　）。

    A. Data Source   B. Initial Catalog

    C. Data Base   C. Initial DataBase

二、程序设计题

下面所有程序设计题，均使用学生表（Student）作为处理数据。学生表的结构见表 10-10。

表 10-10　Student 表结构

姓名	学号	语文	数学	英语	总成绩
张良	20121401	98	92	93	283
王宇	20121402	56	69	87	212
刘燕	20121301	83	47	69	199

1. 输出 Student 表中数学课成绩最高的学生姓名。

2. 针对 Student 表中数据，按照总成绩降序输出所有学生的姓名和总成绩。

3. 利用 DataReader 将全体学生的所有信息显示在窗体中。

4. 利用 DataReader 将所有课程成绩不及格的学生姓名、课程成绩显示在窗体上，不及格的成绩使用红色字体进行显示。

5. 在窗体上使用公共控件显示每个学生的信息，一次显示一个学生的信息，当有学生课程成绩不及格时，该成绩使用红色字体进行显示。

参 考 文 献

[1] 刘烨，吴中元. C# 编程及应用程序开发教程 [M]. 北京：清华大学出版社，2003.

[2] 罗斌，越飞，等. Visual C# 2005 编程实例精粹 [M]. 北京：中国水利水电出版社，2006.

[3] 郑阿奇，梁敬东，等. C# 程序设计教程 [M]. 北京：机械工业出版社，2007.

[4] 耿肇英，等. C# 应用程序设计教程 [M]. 北京：人民邮电出版社，2007.

[5] 陈哲，戴博，等. Visual C# 2005 程序设计 [M]. 北京：清华大学出版社，2007.

[6] 陈佛敏，潘春华，等. C# 程序设计简明教程 [M]. 北京：人民邮电出版社，2008.

[7] 李旗. C# .NET 程序设计 [M]. 北京：机械工业出版社，2008.

[8] John Sharp. Visual C# 2008 从入门到精通 [M]. 周靖：译. 北京：清华大学出版社，2009.

[9] 宋文强，熊壮. C# 程序设计 [M]. 北京：高等教育出版社，2010.

[10] Christian Nagel，等. C# 高级编程 [M]. 李铭，译. 7 版. 北京：清华大学出版社，2010.

[11] Karli Watson，等. C# 入门经典 [M]. 齐立波，译. 5 版. 北京：清华大学出版社，2010.